Sunil Kumar Mahla
Neha Gupta
Atam Prakash Papreja

Utilização de biomassa em geradores a diesel para eletrificação rural

Sunil Kumar Mahla
Neha Gupta
Atam Prakash Papreja

Utilização de biomassa em geradores a diesel para eletrificação rural

ScienciaScripts

Imprint
Any brand names and product names mentioned in this book are subject to trademark, brand or patent protection and are trademarks or registered trademarks of their respective holders. The use of brand names, product names, common names, trade names, product descriptions etc. even without a particular marking in this work is in no way to be construed to mean that such names may be regarded as unrestricted in respect of trademark and brand protection legislation and could thus be used by anyone.

Cover image: www.ingimage.com

This book is a translation from the original published under ISBN 978-3-639-71665-8.

Publisher:
Sciencia Scripts
is a trademark of
Dodo Books Indian Ocean Ltd. and OmniScriptum S.R.L publishing group

120 High Road, East Finchley, London, N2 9ED, United Kingdom
Str. Armeneasca 28/1, office 1, Chisinau MD-2012, Republic of Moldova, Europe
Managing Directors: Ieva Konstantinova, Victoria Ursu
info@omniscriptum.com

Printed at: see last page
ISBN: 978-620-8-58018-6

Dedico esta tese à minha família e aos meus queridos filhos pelo seu apoio constante e amor incondicional.

Gosto muito de todos vós.

Agradecimentos

Este trabalho, intitulado "**INVESTIGAÇÕES SOBRE A UTILIZAÇÃO DA ENERGIA DA BIOMASSA EM GERADORES A DIESEL PARA ELETRIFICAÇÃO RURAL UTILIZANDO RNA",** foi realizado no laboratório de biocombustíveis do Instituto Adesh de Engenharia e Tecnologia, Faridkot, sob a supervisão do Dr. Sunil Kumar Mahla, Diretor -Principal do AIET. Nesta ocasião, gostaria de reconhecer a minha dívida para com todos aqueles que, de uma forma ou de outra, me ajudaram a concluir este projeto.

Nenhuma tarefa é um esforço de um só homem. Vários factores, situações e pessoas integram-se para fornecer o pano de fundo para a realização de uma tarefa. Antes de mais, estou em dívida para com

Deus todo-poderoso que esteve presente hoje e sempre.

O meu relatório de projeto não teria visto a luz do dia sem a imensa cooperação dos meus supervisores, **Dr. Atam Prakash Papreja** e **Dr. S.K.Mahla**, que me deram uma abordagem correta e uma compreensão do assunto. As suas competências, orientação brilhante, discussões frutuosas, sugestões construtivas e inspiração constante durante todo o período do presente trabalho ajudaram-me a realizar este esforço.

Aproveito esta oportunidade para exprimir a minha profunda gratidão ao **Dr. Atam Prakash Papreja, Diretor do Departamento de Engenharia da SVU,** pela sua valiosa orientação, encorajamento, paciência e conselhos que me ajudaram durante todo o tempo de investigação e na redação desta tese. Sinto-me privilegiado por ter trabalhado sob a sua supervisão.

Estou profundamente grato ao meu co-orientador**, Dr. S.K. Mahla, Diretor-Principal da AIET, Faridkot**, por ter proporcionado um excelente ambiente académico e as instalações necessárias para a realização deste trabalho de investigação no laboratório de biocombustíveis da AIET. Sem a sua generosa ajuda, este trabalho não teria chegado ao fim. Permitiu-me sempre pôr em prática as minhas ideias, proporcionando todas as facilidades e orientações necessárias.

Expresso também os meus agradecimentos ao DST pelo financiamento dos equipamentos com os quais o presente trabalho foi realizado no Laboratório de Biocombustíveis da AIET, Faridkot. Agradeço também ao pessoal do Laboratório de Investigação de

Biocombustíveis por ter disponibilizado as instalações experimentais necessárias e por ter ajudado a realizar as experiências com êxito no laboratório.

Os meus sinceros agradecimentos ao **Dr. V.P.S.Arora**, Vice-Chanceler da Universidade Shri Venkateshwara, Gajraula, por ter proporcionado as melhores instalações e as excelentes infra-estruturas para os estudantes trabalharem.

Estou igualmente grato ao **Dr. Pillai,** ao **Dr. Vipin** e à **Sra. Vibhuti** da SVU pela sua ajuda incondicional e pelo seu valioso apoio durante a realização deste estudo.

Várias pessoas com quem interagi contribuíram significativamente para a conclusão bem sucedida do meu estudo. Embora seja difícil mencionar os seus nomes, a minha dívida de gratidão para com elas não é menor.

Estou muito grato aos **meus pais**, pelo seu apoio emocional, independentemente do caminho que eu escolher. Mãe, pai, não sei como agradecer-vos o suficiente por me terem dado a oportunidade de estar onde estou hoje.

Quero agradecer sinceramente a **Archana, Rachna, Madhuri** e **Shilpa,** as minhas irmãs, por tudo o que sou hoje. O seu amor, apoio e encorajamento têm sido a minha constante fonte de força em todos os momentos da minha vida.

Devo ao meu marido**, Sr. Rajneesh**, o seu apoio incondicional e sem reservas. Sem a sua cooperação, o seu encorajamento constante, a sua confiança em mim e os seus valiosos comentários, teria sido muito difícil concluir esta tese.

Por último, mas não menos importante, dedico esta tese de doutoramento aos meus dois filhos adoráveis, **Ananya** e **Yuvaan**, que são o orgulho e a alegria da minha vida. Cresceram a ver-me estudar e a fazer malabarismos com a família e o trabalho. Tenho de reconhecer o apoio, a paciência e a compreensão dos meus filhos pelo seu amor inestimável, paciência inestimável e inúmeros sacrifícios. Amo-vos mais do que tudo e agradeço toda a vossa paciência e apoio durante os meus estudos de doutoramento.

NEHA GUPTA

RESUMO

A utilização da energia da biomassa tem ganho particular interesse nos últimos anos devido ao esgotamento progressivo dos combustíveis fósseis convencionais que exige uma maior utilização de fontes de energia renováveis. A substituição de combustíveis fósseis convencionais por biomassa para a produção de energia resulta numa redução líquida das emissões de gases com efeito de estufa e na substituição de fontes de energia não renováveis. Atualmente, a utilização do biogás derivado da biomassa é o combustível mais promissor para a produção de energia eléctrica nas zonas rurais e constitui uma técnica de controlo dos níveis de emissões. O biogás, um combustível renovável, é produzido a partir da fermentação anaeróbica de material orgânico e consiste principalmente em 55-60 % de metano, que pode ser queimado para gerar calor e eletricidade. As propriedades do combustível e a compatibilidade do biodiesel permitem-lhe substituir o gasóleo no gerador a gasóleo.

Este trabalho de investigação apresenta o potencial da biomassa para a produção de energia eléctrica e investiga as alterações no desempenho e nas caraterísticas das emissões de geradores a diesel de um cilindro a quatro tempos alimentados com óleo de éster metílico de farelo de arroz (RBME) - biodiesel de butanol e misturas de combustível diesel com caudais variáveis de biogás. Além disso, os diferentes caudais de biogás em que o gasóleo foi utilizado como combustível piloto foram também comparados com o gasóleo. Os resultados mostram que as caraterísticas de desempenho do modo de combustível duplo para todas as misturas de biodiesel são superiores às do gasóleo a cargas mais elevadas em modo de combustível fixo e duplo com diferentes caudais de biogás.

O estudo utilizou dados experimentais de geradores a diesel para avaliar os parâmetros de desempenho: potência de travagem (BP), consumo específico de combustível (BSFC), consumo específico de energia (BSEC), eficiência térmica de travagem (BTE) e parâmetros de emissão, incluindo hidrocarbonetos não queimados (HC), monóxido de carbono (CO) e dióxido de carbono (CO2).

As investigações são efectuadas através de uma combinação da análise de dados experimentais e do modelo de rede neural artificial (RNA) criado no software MATLAB2012a, utilizando o algoritmo de retropropagação. Utilizando os dados obtidos nos estudos experimentais, a abordagem ANN foi aplicada e provou ser a melhor para obter resultados óptimos em BP, BSFC, BSEC, BTE, HC, CO e CO_2. O número de camadas ocultas necessárias para a formação é comprovadamente um, de acordo com o método de tentativa e erro. O estudo demonstrou que a função Trainlm e o MSE são as funções de transferência mais adequadas. Os valores de saída previstos são obtidos para os valores-alvo dados utilizando gráficos de regressão e são registados padrões de teste. A proximidade do valor global da regressão a 1 indica bons resultados de previsão. A proximidade entre os resultados previstos e os resultados experimentais nos padrões de teste indica que a formação foi efectuada em boa escala e que foram obtidos resultados óptimos utilizando o método RNA. Neste trabalho de projeto são apresentados estudos experimentais e computacionais detalhados.

Palavras-chave: ANN, Biogás, Biomassa, Gerador a gasóleo, Emissões, Caraterísticas de desempenho, RBME-óleo, Eletrificação rural.

ÍNDICE DE CONTEÚDOS

NOMENCLATURA

Symbol	Title	Unit
ANN	Artificial Neural Network	
ASTM	American Society for Testing Materials	
BHP	Brake Horse Power	HP
BP	Brake Power	kW
BTDC	Before Top Dead Center	
BTE	Brake Thermal Efficiency	%
BSFC	Brake Specific Fuel Consumption	Kg/kwh
BSEC	Brake Specific Energy Consumption	MJ/kwh
°C	Degree Celsius	
cc	Centimeter Cubic	
CI	Compression Ignition	
IC	Internal Combustion	
ICE	Internal Combustion Engine	
CO	Carbon Monoxide	
CO_2	Carbon Dioxide	
CP	Cloud Point	
cSt	centiStroke	
CV	Calorific Value	(MJ/kg)
d_1	Density of oil	gm.
D_2	Density of water	gm
DG	Distributed Generation	
E_1	Nichrome wire weight	mg
E_2	Cotton thread weight	gm.
EGT	Exhaust Gas Temp	t^0C

FFA	Free fatty acid	%
fig	Figure	
GHG	Green House Gases	
GW	Gegawatt	
H	Calorific value	(MJ/kg)
HC	Hydro Carbon	
hr/h	Hour	
I	Amperes	A
IC	Internal combustion	
K	Kelvin	
Kg/hr	Kilogram per hour	
Km	Kilometer	
KOH	Potassium Hydroxide	
kWh	Kilowatt-hour	
LMA	Levenberg Marquardt algorithm	
m_1	Weight of empty specific gravity bottle	gm.
m_2	Weight of specific gravity bottle with water	gm.
m_3	Weight of specific gravity bottle with oil	gm.
MATLAB	Matrix Laboratory	
ME	Methyl Ester	
M_f	Mass of fuel flow	
Ml	Milliliter	
Mha	Million hectare	
Mha	Million hectare	
MRE	Mean relative error	
MSE	Mean square error	
MW	Megawatt	
nB10B10D80	n-Butanol 10% Biodiesel 10% Diesel 80%	

nB20B20D60	n-Butanol 20% Biodiesel 20% Diesel 60%	
NaOH	Sodium Hydroxide	
O_2	Oxygen	%
PM	Particulate matter	
PP	Pour Point	
PPM	Particle Per Minute	
RBOME	Rice Bran Oil Methyl Ester	
RMS	Root Mean Square	
RPM	Rotation Per Minute	
t_1	time t_1 taken by oil to pass through bulb of viscous meter	
t_2	time t_2 taken by water to pass through bulb of viscous meter	
W	Water equivalent	Cal/c^0
V	Voltage	V
η	Kinematic viscosity	mm^{2}s^{-1}

CAPÍTULO 1

INTRODUÇÃO

1. Generalidades

Neste capítulo, são discutidos o estado e as perspectivas da produção e utilização da energia da biomassa como combustível renovável em geradores a gasóleo para aplicações de produção de energia.

1.1 Introdução

A energia eléctrica é, sem dúvida, a forma de energia mais polivalente e é um motor essencial do crescimento económico e da prosperidade de qualquer nação em desenvolvimento. O consumo de eletricidade é um índice importante do progresso do país e do nível de vida. O consumo e a procura globais de energia per capita estão a aumentar rapidamente nas últimas décadas devido à industrialização e ao aumento da população mundial. A fase crítica da explosão demográfica está a ser enfrentada por muitos dos países do mundo, incluindo a Índia, e o aumento da população exige mais insumos energéticos. De acordo com o recenseamento indiano de 2011, a Índia tinha 17% da população mundial e uma elevada densidade populacional de 382 pessoas por km^2 [1]. O consumo de energia per capita na Índia é tão baixo quanto 700 kWh, enquanto o consumo médio mundial é de 2500 kWh e 15000 kWh para muitos dos países desenvolvidos [2]. O crescimento da motorização e da industrialização no mundo aumentou a procura de combustíveis não biodegradáveis, que têm reservas limitadas. Essas reservas limitadas estão altamente concentradas em certas regiões do mundo. A principal fonte de energia na Índia, depois do carvão, é o gasóleo de petróleo, cerca de dois terços do qual é importado da OPEP (Organização dos Países Exportadores de Petróleo). Por conseguinte, os países que não dispõem destes recursos estão a enfrentar uma crise energética e cambial, principalmente devido à importação de petróleo bruto. Assim, o acesso à energia eléctrica continua a ser um sonho distante para a maioria dos pobres que vivem nesses países em desenvolvimento.

1.2 Cenário energético mundial

A crescente população mundial está a sofrer de dois grandes problemas: o rápido esgotamento dos combustíveis convencionais e a degradação ambiental. As centrais eléctricas alimentadas a carvão são as principais fontes de poluição ambiental. A rápida extração e o rápido consumo de combustíveis convencionais conduziram à redução das fontes de energia convencionais. Estes recursos limitados de combustíveis convencionais esgotar-se-ão mais rapidamente no futuro. De acordo com uma estimativa, as reservas de combustíveis fósseis durarão 208 anos para o carvão, 31 anos para o petróleo e 53 anos para o gás natural num cenário económico [3]. Com o rápido aumento da população e da utilização da eletricidade na agricultura, na indústria e nos sectores doméstico e público, o crescimento económico dinâmico e a modernização, a procura de energia eléctrica na Índia continua a aumentar, apesar do abrandamento da economia mundial. Atualmente, o maior programa de energia rural na Índia é o programa de eletrificação rural, que alegadamente electrificou mais de 85% das 580 000 aldeias do país [4]. Ainda assim, 80.000 aldeias na Índia não têm acesso à eletricidade. De acordo com o censo de 2001, o número de aldeias geograficamente inacessíveis e onde a extensão da rede não é economicamente viável é superior a 18000 [5, 6]. Cerca de 65% dos agregados familiares em aldeias electrificadas não estão a tirar pleno partido do fornecimento de energia, até agora [7]. Isto deve-se ao facto de as famílias não poderem pagar as ligações eléctricas e também à baixa procura devido à fraca fiabilidade e qualidade do abastecimento existente. Pelo menos 70-80 milhões de agregados familiares rurais ainda dependem de lâmpadas de querosene para satisfazer uma necessidade básica como a iluminação [8]. Mesmo nas aldeias "electrificadas" (ligadas a uma rede ou a um sistema de distribuição centralizado), o abastecimento é irregular e de muito má qualidade. O acesso à eletricidade é também limitado. Em muitas aldeias 'electrificadas', o acesso à energia eléctrica continua a ser um sonho distante para a maioria dos residentes da aldeia. Assim, há necessidade de um sistema de eletrificação de aldeias que possa alimentar os recursos energéticos disponíveis localmente em vez da rede central [9].

A figura 1.1 mostra o consumo mundial per capita de vários combustíveis em 2013. Da figura deduz-se que a procura de carvão cresceu rapidamente após o período de 2000, principalmente devido à expansão da frota de produção de eletricidade a partir do carvão, enquanto o consumo per capita de petróleo atingiu o seu pico no período de 1970 a 1980 e tem vindo a diminuir desde então.

O combustível que mais se destacou para ocupar o seu lugar foi o gás natural e a substituição foi feita em várias áreas, incluindo o aquecimento doméstico e a produção de eletricidade. Tem-se registado um rápido aumento do consumo de outros combustíveis, incluindo o etanol e outros biocombustíveis modernos, a energia eólica, geotérmica e solar.

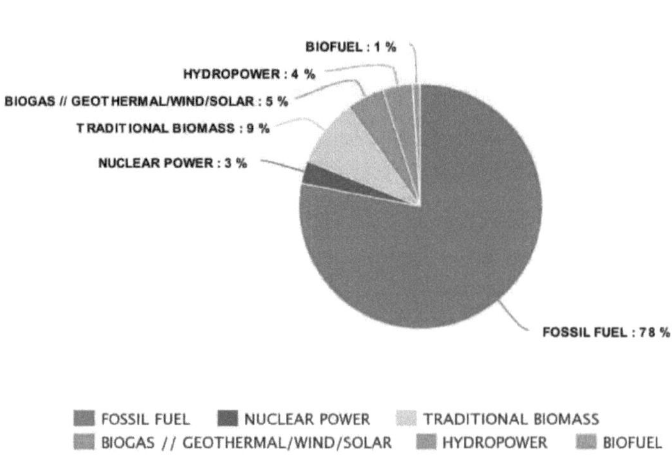

Fig 1.1: Consumo per capita de vários combustíveis energéticos [10]

Atualmente, a quota total de energia global estimada pelos combustíveis fósseis é de cerca de 78,3%, o que é muito elevado e, portanto, é necessário minimizar essa enorme procura de energia através da utilização de combustíveis alternativos [3].

1.3 Necessidade de um sistema de produção distribuída limpo e contínuo

Em muitos dos países em desenvolvimento, o acesso à eletricidade é muito escasso, especialmente nas zonas rurais [11]. Existe uma necessidade imediata de produção local de combustível para obter um sistema de produção de eletricidade sustentável para a eletrificação rural com elevada eficiência e um impacto mínimo no ambiente global. É agora bem conhecido o facto de que a energia proveniente do carvão e das centrais nucleares é ineficiente para satisfazer a atual procura de energia devido à sua baixa eficiência. Por eficiência entende-se a quantidade de energia eléctrica produzida em percentagem da energia latente presente no combustível não biodegradável queimado na central eléctrica. Os motores de combustão interna (IC) foram uma das primeiras tecnologias que utilizaram combustíveis fósseis para a produção de eletricidade. Desde que foram desenvolvidos há mais de um século, os motores de combustão interna são as mais comuns de todas as tecnologias de produção distribuída (GD). De acordo com o IEEE, as instalações de produção de eletricidade estão disponíveis desde tamanhos de alguns quilowatts para produção de reserva residencial até geradores da ordem dos 10 MW, de modo a permitir a interconexão em praticamente qualquer ponto do sistema de energia [12]. Uma vez que na geração distribuída , como os utilizadores de eletricidade de média dimensão e os utilizadores em locais remotos, gostariam de ter a sua própria fonte de geração de energia de pequena dimensão, acessível e fiável. No entanto, a utilização generalizada de motores de combustão interna (ICE) para aplicações de GD permite obter eletricidade a baixo custo e uma elevada fiabilidade energética. Os motores de ignição por compressão, nomeadamente os geradores a gasóleo, são supostamente os motores mais eficientes, uma vez que permitem uma maior economia de combustível e menores emissões de dióxido de carbono do que os motores convencionais de ignição por faísca alimentados a gasolina.

A produção distribuída pode ser definida como uma fonte de energia eléctrica ligada a uma rede de distribuição ou a um local do cliente, representando uma forma inovadora e eficiente de produzir e fornecer eletricidade, uma vez que gera eletricidade no local onde vai ser utilizada. Devido às melhorias tecnológicas, os sistemas de produção de energia podem ser construídos em dimensões mais pequenas, com maior eficiência, custo reduzido e ambiente limpo. A produção distribuída serve de complemento à eletricidade produzida por centrais eléctricas de grande escala e distribuída através da rede eléctrica. A produção distribuída tem potencial para melhorar a fiabilidade específica do local, bem como os benefícios da transmissão e distribuição (T&D), que incluem: interrupções mais curtas e menos extensas, menor reserva, requisitos de margem, melhor qualidade da energia, diminuição das perdas nas linhas, controlo da energia reactiva, atenuação do congestionamento da transmissão e distribuição e melhor capacidade do sistema com um investimento reduzido em T&D. A produção distribuída também proporciona benefícios económicos porque as tecnologias de produção distribuída são modulares e proporcionam flexibilidade de localização e redundância, bem como prazos de entrega curtos. Também é possível obter lucros económicos com a utilização de
As tecnologias de GD para fins de redução de picos de consumo, para a produção

combinada de calor e eletricidade (CHP) (cogeração) e para aplicações de energia de reserva. Além disso, há muitos outros benefícios das tecnologias de produção distribuída; os benefícios ambientais incluem a redução das necessidades de terrenos, a diminuição das emissões ambientais e a redução dos custos de conformidade ambiental. As tecnologias de produção distribuída são de dois tipos diferentes, consoante a disponibilidade: energia firme e intermitente. As tecnologias que permitem o controlo da potência das unidades de GD e podem ser geridas em função das necessidades de carga são designadas tecnologias firmes. São utilizadas como reserva, funcionando apenas em situações de indisponibilidade da rede, em períodos de elevado consumo de energia (quando a eletricidade é mais cara), funcionando continuamente, ou despachadas para satisfazer a carga variável de uma forma optimizada.

As tecnologias de energia intermitente não são capazes de produzir energia continuamente e não podem controlar a sua energia diretamente. A energia eólica ou a energia solar são exemplos dessas tecnologias, que apenas produzem energia quando o vento ou o sol estão disponíveis. Estas tecnologias podem ser consideradas importantes para o armazenamento de energia e não para satisfazer a procura de energia.

Os recursos energéticos distribuídos referem-se a uma variedade de pequenas tecnologias de produção de energia que podem ser combinadas para melhorar os sistemas de produção de eletricidade. Os geradores eléctricos capazes de uma elevada eficiência de conversão e de emissões mínimas de gases com efeito de estufa alimentarão veículos híbridos avançados e sistemas de energia fixos. No entanto, isto só será económico se os custos de investimento e de funcionamento forem comparáveis aos associados às centrais de produção em grande escala, com elevada eficiência de combustível e problemas mínimos de poluição. O problema da elevada eficiência das unidades de produção de menor dimensão ainda persiste. Têm sido feitas tentativas para instalar unidades de produção de energia em pequena escala que tenham uma eficiência energética elevada, custos de capital e de funcionamento comparáveis aos das instalações de grande escala e que criem um mínimo de poluição [13].

1.4 Energias renováveis na Índia: Situação atual, desafios e oportunidades

A utilização de energia quase duplicou desde 2000, mas o consumo de energia per capita continua a ser apenas cerca de um terço da média mundial e cerca de 240 milhões de pessoas ainda não têm acesso à eletricidade. A Índia é o sexto maior consumidor de energia do mundo, representando 3,4% do consumo global de energia [11]. De acordo com o Ministério das Energias Novas e Renováveis (MNRE), a contribuição da capacidade baseada em energias renováveis é atualmente de 10,9% (excluindo as grandes centrais hidroeléctricas) da capacidade total instalada de 170 GW no país, contra 2% no início do período do 10º plano (2002-2007) [14-15]. A Índia tem 45 GW de capacidade hidroelétrica e 23 GW de capacidade eólica, mas quase não explorou o seu enorme potencial de energias renováveis. A Índia está, no entanto, a planear muito nesta área, com o objetivo de atingir 175 GW de capacidade instalada de energias renováveis até 2022 (excluindo as grandes centrais hidroeléctricas), o que representa um aumento acentuado em relação ao nível atual de 37 GW [16].

Nos países em desenvolvimento, como a Índia, o desenvolvimento de recursos de bioenergia é muito essencial, porque a Índia gasta 330 milhões de dólares por dia em petróleo e gás importados. E, muito em breve, espera-se que a Índia seja o terceiro maior consumidor mundial de petróleo e gás. A procura de energia da Índia não será satisfeita enquanto não forem desenvolvidos combustíveis alternativos para substituir/suplementar os combustíveis fósseis com base em matérias-primas renováveis produzidas internamente [17]. Uma vez que a energia da biomassa é renovável e produzida a partir de materiais vegetais e contém 50% a 80% de metano e 20% a 50% de dióxido de carbono, com vestígios de outros gases como o azoto, o hidrogénio, etc.

1.5 Biodiesel como futuro combustível alternativo

A fim de reduzir a procura crescente de combustíveis fósseis e as emissões de gases com efeito de estufa, há uma necessidade urgente de combustíveis alternativos que diminuam a emissão de CO_2. O objetivo é pouco difícil de alcançar na produção de energia em grande escala. No entanto, torna-se muito mais fácil no caso dos sistemas de energia distribuídos. Mesmo atualmente, a produção de energia em pequena escala pode ser neutra em termos de CO_2. No entanto, a energia gerada pela irradiação solar ou pelo vento é instável, irregular e depende das condições meteorológicas, o que causa muitos problemas com a sua integração nos actuais sistemas de energia. Por conseguinte, é necessário obter alguns combustíveis alternativos, como o biogás, o biodiesel e outros biocombustíveis, para uma solução a longo prazo que ajude a satisfazer a procura crescente de energia na Índia de forma inteligente. Estes recursos energéticos estão disponíveis a longo prazo, são independentes das condições climatéricas e são menos poluentes para a natureza. O custo do gasóleo aumenta devido ao aumento do preço do petróleo bruto e aos custos de processamento envolvidos na dessulfuração, a fim de cumprir normas rigorosas em matéria de emissões, etc. Por conseguinte, os combustíveis alternativos, como o biodiesel e o etanol, estão a ser considerados como combustíveis suplementares ao gasóleo no país. Além disso, considera-se que estes biocombustíveis proporcionam emprego às populações rurais através das oportunidades de cultivo de plantas oleaginosas, o que pode ajudar a melhorar a economia nacional. Na Índia, foram feitos muito poucos esforços no sentido da investigação, desenvolvimento e produção de biocombustíveis. Os países em desenvolvimento também consideram os biocombustíveis como um meio potencial para estimular o desenvolvimento rural e criar oportunidades de emprego. Alguns dos biocombustíveis mais investigados são o biodiesel, o bioálcool (metanol, etanol e butanol), o hidrogénio, o metano não fóssil, o propano e o gás natural e outras fontes de biomassa.

De acordo com o World Energy Outlook 2013 da AIE, a procura global de petróleo atingirá 101 milhões de barris por dia (mbpd) até 2035, em comparação com a procura atual que é de cerca de 87 mbpd. O consumo de petróleo na Índia excederá 8 mbpd até 2035, o que é mais do que o consumo atual do Japão, da Coreia e da Austrália em conjunto [18].

Os países em desenvolvimento precisam de concentrar a sua atenção nos óleos de natureza não comestível, que são mais baratos e estão disponíveis em abundância. Na Índia, existe uma grande variedade de óleos não comestíveis, como o linho, a karanja, a mahua, o farelo de arroz e a jatropha, em grandes quantidades. O biodiesel pode ser derivado de óleos e gorduras vegetais. A Índia tem cerca de 100 milhões de hectares de terras degradadas que podem ser utilizadas para produzir matérias-primas para o biodiesel. A Índia é o segundo maior produtor de arroz , a seguir à China. Um estudo recente mostrou que a Índia é o maior produtor mundial de óleo de farelo de arroz [19]. A tabela 1.1 mostra as informações básicas sobre o óleo de nim, o óleo de farelo de arroz, a pongâmia pinnata, o óleo de semente de algodão e os ésteres metílicos do óleo de semente de borracha. NaOH é usado como catalisador alcalino e H_2SO4 foi usado como catalisador ácido.

Tabela 1.1 Informações básicas sobre vários combustíveis [20]

Sr. No.	Items	Neem Oil ME	Rice Bran ME	Pongamia ME	Cotton Seed Oil ME	Rubber Seed Oil ME
1	Specific Gravity	0.91	0.914	0.912	0.89	0.86
2	Methanol Quantity	35	33.5	22.5	24	25
3	Catalyst (NaOH) W/v%	0.3	1	1	1	0.5
4	Catalyst (H_2SO_4)	1	1	1	1	0.5
5	Glycerin produced w/w%	14	12	8	4	7
6	Cost of Oil/ lit in Rs	18	18	18	18	18
7	Yield of Oil v/v% of oil	85.5	85.5	90	95	90.5
8	Methanol recovery v/v	5	5	5	5	5
9	FFA (%)	6.5	8	6	7.5	4.5
10	Type of transesterification	2 stage	3 stage	2 stage	2 stage	2 stage
11	Loss of glycerin	0.5	3.5	2	1	2.5

Quadro 1.2 Produção de sementes oleaginosas em 2002-2003 no mundo e na Índia [21]

Oilseed	Production (million tons) World	India	Total availability (million tons)	% Recovery	Oil Cost (Rs. Per quintal)
Soya bean	123.2	4.3	0.63	17	4300
Cottonseed	34.3	4.6	0.39	11	3200
Groundnut	19.3	4.6	0.73	40	6200
Sunflower	25.2	1.32	0.46	35	5360
Rapeseed	34.7	4.3	1.37	33	5167
Sesame	2.5	0.62	-	-	6800
Palm Kernels	4.8	-	-	-	-
Coconut	4.9	0.65	0.42	65	3035
Linseed	2.6	0.2	0.09	43	-
Castor	1.3	0.51	0.21	42	-
Niger	0.8	0.08	0.02	30	-
Rice Bran	-	-	0.6	15	2000
Total	253.6	21.18	4.92	-	-

O óleo de farelo de arroz ocupa o primeiro lugar entre os óleos vegetais não convencionais, baratos e de baixa qualidade. A utilização de óleos alimentares como matéria-prima para o biodiesel custa cerca de 60-70% do custo da matéria-prima. O óleo de farelo de arroz não comestível é um óleo barato, de baixa qualidade, com subprodutos de valor acrescentado, o que é extremamente importante para tornar a produção de biodiesel económica, como se pode ver na tabela 1.2. Além disso, o óleo de farelo de arroz bruto é uma fonte rica de subprodutos de elevado valor acrescentado. Por conseguinte, a utilização de óleo de farelo de arroz como matéria-prima para a produção de biodiesel não só torna o processo económico como também gera compostos bioactivos de valor acrescentado.

O óleo de farelo de arroz (RBO) também tem sido considerado como "óleo para o coração", uma vez que mantém o colesterol plasmático a um nível baixo e diminui os riscos de doenças cardiovasculares. O óleo de farelo de arroz (RBO) é um subproduto da moagem do arroz que contém 15-23% de lípidos e uma quantidade significativa de compostos nutracêuticos. Devido à presença de lipase ativa no farelo e à falta de métodos de estabilização económicos, a maior parte do óleo de farelo de arroz produzido não é de qualidade comestível. Uma vez que o RBO bruto tem sido difícil de refinar devido ao seu elevado teor de AGL, matéria insaponificável e cor escura, pelo que não é utilizado como óleo comestível, pode ser considerado como uma fonte potencial de óleo vegetal não comestível para utilização como matéria-prima para a produção de biodiesel. O RBO contém um teor relativamente baixo de triacilglicerol em comparação com outros óleos vegetais e um teor elevado de glicéridos parciais, teor de cera e constituintes insaponificáveis. A cera no RBO é especialmente difícil de remover completamente. A presença deste teor confere ao óleo um carácter turvo, especialmente em climas mais frios. Devido à sua cor mais escura, o RBO não é aceite de bom grado pelos consumidores [22].

O óleo de farelo de arroz é um óleo vegetal não comestível menos utilizado, que está disponível em grandes quantidades nos países que cultivam arroz, e muito pouca investigação tem sido feita para utilizar este óleo como substituto do gasóleo mineral. Pode ser utilizado em aplicações como a irrigação, o transporte por vias navegáveis e pequenas centrais eléctricas comunitárias alimentadas a gasóleo, etc. Está disponível localmente e requer menos infra-estruturas de processamento, embora a sua elevada densidade, viscosidade e partículas em suspensão sejam algumas das suas limitações. O óleo de farelo de arroz é extraído do subproduto de baixo valor da indústria de transformação do arroz, o gérmen e a casca interna, geralmente conhecidos como farelo, e contém 15-23% de óleo. A principal desvantagem do óleo comestível ou não comestível como combustível é a sua elevada viscosidade e a produção de muito fumo devido a uma combustão incompleta, causando assim a colagem dos anéis dos pistões e o desempenho do sistema de injeção devido a uma mistura ineficaz de óleo e ar. O óleo extraído tem de ser misturado numa determinada quantidade com o gasóleo de petróleo. O isolamento e a purificação destes subprodutos tornam o processo atrativo e remunerador. O combustível misturado deve ter uma caraterística de desempenho melhorada ou equivalente à do gasóleo.

Definição técnica para biodiesel (ASTM D 6751) e mistura de biodiesel: *Biodiesel, n* - um combustível composto por ésteres monoalquílicos de ácidos gordos de cadeia longa derivados de óleos vegetais ou gorduras animais, designado B100, e que cumpre os requisitos de

ASTM D 6751.

Mistura de biodiesel, n - uma mistura de combustível biodiesel que cumpre a norma ASTM D 6751 com combustível diesel à base de petróleo, designada BXX, em que XX representa a percentagem volumétrica de combustível biodiesel na mistura.

O biodiesel que cumpre a norma ASTM D6751 e está legalmente registado na Agência de Proteção do Ambiente é um combustível legal para venda e distribuição. O óleo vegetal bruto não pode cumprir as especificações do combustível biodiesel, não está registado na EPA e não é um combustível legal para motores .

O rápido esgotamento, a distribuição desigual dos combustíveis petrolíferos, os seus custos cada vez mais elevados e a grande preocupação com a poluição levaram à procura de um combustível alternativo para substituir os combustíveis convencionais. A alternativa mais promissora para resolver esta questão crítica é a utilização de combustíveis oxigenados, quer em estado puro, quer misturados com gasóleo, para fornecer oxigénio suficiente e promover a combustão, reduzindo as emissões de partículas e, possivelmente, diminuindo as emissões de N0x. Os combustíveis oxigenados são uma classe atraente de combustíveis sintéticos em que os átomos de oxigénio estão quimicamente ligados à estrutura do combustível. Esta ligação de oxigénio no combustível oxigenado é energética e fornece uma energia química que não resulta numa perda de eficiência durante a combustão. A otimização dos combustíveis oxigenados, para serem utilizados como combustível puro ou como aditivo, oferece um potencial significativo de redução das emissões de partículas. Os combustíveis oxigenados são utilizados quer como álcoois quer como éteres.

Bio-álcool (metanol, etanol, propanol e butanol): Os álcoois têm sido utilizados desde tempos imemoriais como combustível e os álcoois de interesse são: metanol, etanol, propanol e butanol porque podem ser sintetizados química ou biologicamente. Além disso, têm caraterísticas semelhantes às da gasolina devido à sua elevada octanagem e, por conseguinte, o etanol tem sido considerado um excelente substituto para os motores de ignição por faísca, mas ultimamente, após uma investigação aprofundada, verificou-se que os álcoois, principalmente o etanol e o metanol, em menor grau, também provaram ser um substituto potencial para o gasóleo de petróleo nos motores de ignição por compressão. Após extensa investigação, foi desenvolvido um biocombustível muito competitivo, ou seja, o n-butanol. As seguintes vantagens fazem do n-butanol o álcool mais preferido para utilização em misturas com gasóleo.

> O butanol é amigo do ambiente, renovável e produzido a partir da fermentação alcoólica da biomassa.

> Contém mais oxigénio (21,6%) do que o biodiesel.

> Emitem menos fuligem.

> Devido ao maior calor de evaporação, que resulta numa temperatura de combustão mais baixa, as emissões de N0x são menores.

> Maior poder calorífico.

> Os átomos de carbono do butanol são duas vezes superiores aos do etanol e, por conseguinte, produzem mais 25% de energia do que o etanol, o que resulta num menor consumo de combustível.

> Menor volatilidade, uma vez que diminui com o aumento dos átomos de carbono.

> Tendência reduzida para problemas de cavitação e bloqueio de vapor, eliminando assim a necessidade de misturas especiais durante o verão e o inverno.

> Menos corrosivo e com maior poder calorífico.

Sendo um combustível oxigenado, a sua mistura com o gasóleo melhora a combustão, reduz as partículas, o CO e o N0x e o butanol, sendo um bom solvente para os combustíveis derivados do petróleo, apresenta uma estabilidade de mistura e a sua mistura com os combustíveis derivados do petróleo até um teor de álcool de 40% não exige quaisquer modificações nos motores dos veículos existentes.

O butanol tem maior densidade energética devido aos dois carbonos extra e pode ser utilizado em motores a gasolina sem modificações. *n*- O butanol é menos higroscópico e evaporativo do que o etanol e foi recentemente considerado um biocombustível mais viável do que o etanol. Além disso, os testes de combustível demonstram que o biobuatnol de alta octanagem pode proporcionar caraterísticas de desempenho excepcionais em comparação com uma mistura de 10% de etanol, o que resultou ainda numa melhoria

densidade energética/economia de combustível em comparação com as actuais misturas de biocombustíveis para utilização na infraestrutura de combustíveis existente. O butanol tem uma temperatura de ignição mais baixa do que o metanol e o etanol. Por conseguinte, o butanol pode ser inflamado mais facilmente quando queimado em motores diesel. O butanol apresenta boas propriedades quando comparado com os seus homólogos, como o 2-butanol, o iso-butanol e o terc-butanol, e com outros combustíveis, como a gasolina e o etanol.

1.6 Energia da biomassa para a produção de eletricidade:

A biomassa é um combustível desenvolvido a partir de materiais orgânicos, uma fonte de energia renovável e sustentável utilizada para produzir eletricidade ou outras formas de energia. A biomassa é definida como bio-resíduos disponíveis em vegetação aquática, floresta ou resíduos orgânicos, produto da produção agrícola, resíduos de indústrias agro-alimentares ou resíduos animais. A biomassa sempre foi uma importante fonte de energia para países como a Índia, considerando os benefícios que oferece. É renovável, está amplamente disponível, é neutra em termos de carbono e tem potencial para criar emprego significativo nas zonas rurais. A biomassa também é capaz de fornecer energia firme. Cerca de 32% da utilização total de energia primária no país ainda é derivada da biomassa e mais de 70% da população do país depende dela para as suas necessidades energéticas. O Ministério das Energias Novas e Renováveis apercebeu-se do potencial e do papel da energia da biomassa no contexto indiano e, por conseguinte, iniciou uma série de programas para a promoção de tecnologias eficientes para a sua utilização em vários sectores da economia, a fim de assegurar a obtenção dos benefícios máximos.

A disponibilidade atual de biomassa na Índia está estimada em cerca de 500 milhões de toneladas métricas por ano. Os materiais de biomassa utilizados para a produção de eletricidade incluem o bagaço, a casca de arroz, a palha, o caule de algodão, as cascas de coco, a casca de soja, os bolos não oleados, os resíduos de café, os resíduos de juta, as cascas de amendoim, o pó de serra, etc. Estudos patrocinados pelo Ministério estimaram a disponibilidade de biomassa excedentária em cerca de 120-150 milhões de toneladas métricas por ano, abrangendo resíduos agrícolas e florestais correspondentes a um potencial de cerca de 18 000 MW. A produção de energia a partir da biomassa na Índia é uma indústria que atrai investimentos de mais de 600 milhões de rupias por ano, produzindo mais de 5000 milhões de unidades de eletricidade e empregando anualmente mais de 10 milhões de dias-homem nas zonas rurais [23].

A bioenergia ou energia da biomassa é a utilização da biomassa para produzir eletricidade. Existem seis tipos principais de sistemas de bioenergia: queima *direta*, *co-combustão*, *gaseificação*, *digestão anaeróbia*, *pirólise* e pequenos sistemas *modulares* [24, 25].

1.6.1 Queima direta: Neste processo, o vapor é produzido através da queima direta da matéria-prima bioenergética. Este vapor é transformado em eletricidade por uma turbina e um gerador. Em algumas indústrias, o vapor da central de energia é utilizado adicionalmente para processos de fabrico ou para aquecer edifícios. Estas são conhecidas como instalações de produção combinada de calor e eletricidade. Por exemplo, os resíduos de madeira são normalmente utilizados para gerar eletricidade e vapor nas fábricas de papel. A maior parte das centrais de bioenergia em todo o mundo são de combustão direta.

1.6.2 Co-combustão: Para reduzir as emissões, especialmente as de dióxido de enxofre, muitas centrais eléctricas alimentadas a carvão estão a utilizar sistemas de co-combustão. Isto implica a utilização de matérias-primas bioenergéticas como fonte de energia suplementar em caldeiras de alto rendimento.

1.6.3 Gaseificação: Estes sistemas são utilizados para converter a biomassa em gás (uma mistura de hidrogénio, monóxido de carbono e metano) a altas temperaturas e num ambiente pobre em oxigénio.

1.6.4 Digestão anaeróbia: Envolve a utilização de microorganismos para decompor a matéria orgânica na ausência de oxigénio. A decomposição da biomassa produz um gás - o metano - que pode ser utilizado como fonte de energia. A maior parte das instalações, quando queimadas numa caldeira, produzem vapor para a produção de eletricidade ou para processos industriais. As novas formas incluem a utilização de microturbinas e células de combustível. As microturbinas têm potências de 25 a 500 quilowatts. São da escala de um frigorífico e podem ser utilizadas onde há limitações de espaço para a produção de energia. O metano também pode ser utilizado como "combustível" numa célula de combustível. As células de combustível funcionam quase da mesma forma que as baterias, mas não precisam de ser recarregadas e produzem eletricidade enquanto houver combustível.

1.6.5 Pirólise: Quando os combustíveis líquidos são produzidos a partir da biomassa, aquecendo-a na ausência de oxigénio, o processo é designado por pirólise. A biomassa convertida em líquido é chamada óleo de pirólise, que pode ser utilizado como petróleo para gerar eletricidade. Está a ser comercializado um sistema de bioenergia que utiliza óleo de pirólise.

1.6.6 Sistemas pequenos e modulares: Muitas tecnologias de bioenergia serão utilizadas em sistemas pequenos e modulares. Um dispositivo pequeno e modular é capaz de gerar eletricidade com uma capacidade de 5 megawatts ou menos. Este dispositivo é normalmente utilizado ao nível de uma pequena cidade ou possivelmente ao nível do comprador. Os pequenos sistemas modulares também têm capacidade como fontes de energia distribuídas.

1.7 Biogás como combustível

Nos países em desenvolvimento, o biogás tem sido utilizado como fonte de energia doméstica de baixo custo para cozinhar e iluminar. Atualmente, os projectos de digestão anaeróbia nos países em desenvolvimento serão apoiados pela organização mundial

organização

mundial Clean

Mecanismo de Desenvolvimento Limpo (MDL) se conseguirem demonstrar que reduzem as emissões de carbono [26]. O metano contido no biogás pode ser queimado para produzir calor e eletricidade, geralmente com um ICE ou uma microturbina, frequentemente num sistema de co-geração em que a eletricidade e o calor residual gerados são utilizados para aquecer os digestores ou os edifícios. A utilização do metano separado do biogás como combustível reduzirá substancialmente as emissões nocivas dos motores e ajudará a manter o ambiente limpo. A eletricidade excedente pode ser vendida a fornecedores ou colocada na rede nacional. A eletricidade produzida pelos digestores anaeróbios é considerada uma energia renovável e deve beneficiar de subsídios.

O metano e a energia formados nas instalações de digestão anaeróbia podem ser utilizados para substituir a energia derivada de combustíveis fósseis, reduzindo assim as emissões de gases com efeito de estufa, uma vez que o carbono do material biodegradável é um componente do ciclo do carbono.

O biogás é uma energia renovável, composta por cerca de 55-60 % de metano, que pode ser utilizado para aquecimento, eletricidade e muitas outras operações, utilizando um motor de combustão interna alternativo, como as turbinas a gás, para a conversão do biogás em eletricidade e calor. O digerido é a matéria inorgânica remanescente que não foi transformada em biogás. É económico e o chorume pode ser utilizado como adubo orgânico e como fertilizante agrícola.

1.8 Motor diesel bicombustível para produção de eletricidade

Os motores de combustão interna convencionais funcionam com um único combustível, líquido ou gasoso. No entanto, os motores diesel bicombustíveis a biogás funcionam com combustível líquido e gasoso em simultâneo. Isto deve-se ao facto de a temperatura atingida no final do curso de compressão no interior da câmara de combustão dos motores CI ser de cerca de 553 K. No entanto, a temperatura de ignição do biogás é de cerca de 1087 K [27]. Por conseguinte, a simples compressão da mistura de biogás e ar não inflamará a carga. Por conseguinte, deve ser fornecida uma pequena quantidade de combustível líquido que se inflama inicialmente e actua como fonte de ignição do biogás. O combustível líquido utilizado é designado por combustível-piloto. O combustível gasoso, ou seja, o biogás, é designado por combustível primário, com o qual o motor funciona principalmente. Verifica-se que, num motor bicombustível, a combustão começa da mesma forma que num motor de combustão interna. Contudo, na parte final da combustão, a chama propaga-se de forma semelhante à de um motor de ignição comandada. É possível conseguir uma substituição do gasóleo até 85% utilizando biogás [28]. O motor bicombustível tem as seguintes vantagens

- Não são necessárias grandes modificações no motor.
- O funcionamento apenas com gasóleo é possível quando o biogás não está disponível.
- Qualquer contribuição de biogás de 0% a 85% pode substituir uma parte correspondente de gasóleo, mantendo-se o desempenho como no funcionamento a 100% com gasóleo.
- Devido à existência de um regulador na maioria dos motores diesel, o controlo automático da velocidade/potência pode ser efectuado através da alteração da quantidade de injeção de combustível diesel, enquanto o fluxo de biogás permanece sem controlo. As substituições de gasóleo por biogás são menos substanciais neste caso.

1.9 Biogás em motor bicombustível

Os motores diesel requerem uma combinação de biogás e gasóleo para a combustão. O biogás não pode ser utilizado diretamente num motor de combustão interna devido à sua elevada temperatura de auto-ignição. Por isso, é útil em motores bicombustíveis, que são motores diesel modificados. No motor bicombustível, o combustível gasoso, denominado combustível primário, é introduzido com ar no cilindro do motor. Devido ao elevado índice de octanas, a mistura de combustível gasoso e ar não se inflama automaticamente. Assim, para apoiar a combustão, é injectada no motor uma pequena quantidade de gasóleo, normalmente designado por combustível piloto. O combustível primário no sistema de duplo combustível é misturado de forma homogénea com o ar, o que é responsável pelo baixo nível de fumo. O motor de duplo combustível pode utilizar uma grande variedade de combustíveis primários e piloto. Os combustíveis-piloto são geralmente de elevado índice de cetano. O biogás pode também ser utilizado em modo de duplo combustível com óleos vegetais ou biodiesel como combustíveis-piloto em motores diesel. A introdução de biogás conduz normalmente à deterioração do desempenho e das caraterísticas das emissões. O desempenho do motor de combustível duplo aumenta com a adição de hidrogénio e GPL e a remoção de CO2 e H2S do biogás bruto. O atraso na ignição do combustível-piloto aumenta geralmente com a introdução de biogás, o que leva a um avanço do tempo de injeção. Verifica-se que a pressão de abertura dos injectores e a taxa de injeção também desempenham um papel significativo no caso do motor alimentado a biogás, em que o óleo vegetal é utilizado como combustível-piloto. A percentagem de CO_2 no biogás actua como diluente para abrandar o processo de combustão nos motores de ignição por compressão com carga homogénea (HCCI). No entanto, a ignição também é afetada por ele. Assim, é necessário um combustível com baixa temperatura de auto-ignição, que deve ser utilizado juntamente com o biogás para ajudar a sua ignição. Este tipo de motor tem mostrado um desempenho superior em comparação com um modo de funcionamento de duplo combustível. A energia química armazenada na biomassa pode ser disponibilizada para a produção de eletricidade através de diferentes vias de processamento, dependendo a escolha tecnológica óptima das caraterísticas físicas e químicas da biomassa e da economia das diferentes cadeias de produção. A figura 1.2 mostra várias vias para a produção de eletricidade a partir da biomassa [29]. A energia química armazenada na biomassa pode ser disponibilizada para a produção de eletricidade através de diferentes vias de transformação, dependendo a escolha tecnológica óptima das caraterísticas físicas e químicas da biomassa e da economia das diferentes cadeias de produção A produção de eletricidade a partir da biomassa pode envolver a combustão direta da biomassa numa central térmica ou a produção de combustíveis intermédios que são depois fornecidos às centrais eléctricas.

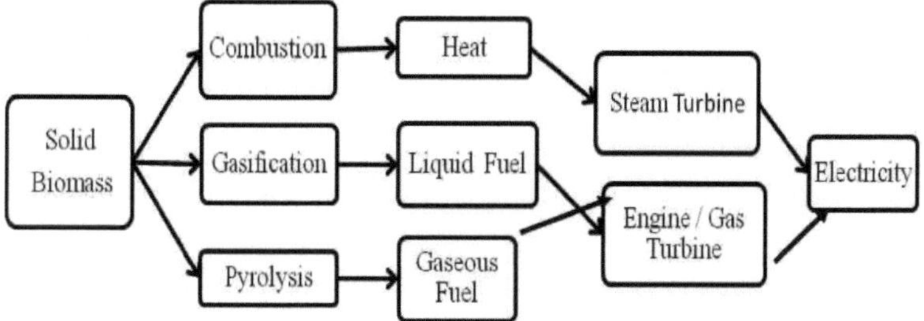

Fig 1.2: Rotas para a produção de eletricidade a partir de biomassa sólida.

1.10 Redes Neuronais Artificiais (RNA)

As Redes Neuronais Artificiais (RNA) são utilizadas para resolver uma grande variedade de problemas no domínio da ciência e da engenharia, nomeadamente em algumas áreas em que os métodos de modelação convencionais falham. Uma RNA bem treinada é um sistema de processamento de dados inspirado no sistema neural biológico e pode ser utilizada como modelo de previsão para uma aplicação específica.

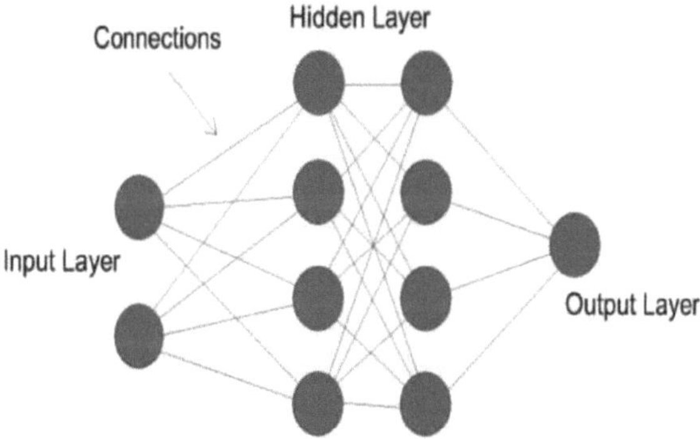

Fig 1.3: Desenho típico de uma rede neural

Um sistema de rede neural tem três camadas, nomeadamente a camada de entrada, a camada oculta e a camada de saída, como mostra a figura 1.3. A camada de entrada é constituída por todos os factores de entrada, as informações provenientes da camada de entrada são depois tratadas no decurso de uma camada oculta e o vetor de saída seguinte é calculado na camada de saída. A capacidade de previsão de uma RNA resulta do treino com dados experimentais e da validação com dados independentes.

Se estiverem disponíveis novos dados, uma RNA tem a capacidade de reaprender a melhorar o seu desempenho [30].

Como se mostra na figura 1.4, o problema da estimativa utilizando modelos de redes neuronais tem três etapas: a construção do modelo ou a arquitetura da rede neuronal; o procedimento de aprendizagem ou treino; e o procedimento de teste. Uma fase importante quando se utiliza uma rede neuronal é a fase de treino. Nesta fase, é introduzida uma entrada na rede juntamente com as saídas desejadas, os pesos e os valores de polarização são inicialmente selecionados de forma aleatória e os pesos são ajustados de modo a que a rede tente produzir a saída desejada. Após o treino, os pesos contêm informações úteis, ao passo que, antes do treino, são aleatórios e não têm qualquer significado. Quando se obtém um ponto de desempenho aceitável, o treino pára e a rede utiliza esses pesos para tomar decisões. Estão disponíveis muitos processos de formação alternativos, como a retropropagação e Levenberg-Marquardt. O objetivo de qualquer algoritmo de formação é reduzir o nível de erro global, como a percentagem média de erro, a raiz quadrada média (RMS) e a fração absoluta da variância (R2). Uma caraterística importante desta função é ser diferenciável em todo o seu domínio. Os erros para as camadas ocultas são determinados pela propagação do erro determinado para a camada de saída. O modelo ANN pode ser utilizado para múltiplas variáveis de entrada para prever múltiplas variáveis de saída. Difere das abordagens de modelação convencionais pela sua capacidade de aprender sobre o sistema que pode ser modelado sem conhecimento prévio das relações do processo. Além disso, não são necessários cálculos iterativos demorados para resolver equações diferenciais utilizando métodos numéricos em RNA, pelo que a previsão por uma RNA bem treinada é normalmente muito mais rápida do que os programas de simulação convencionais ou modelos matemáticos, mas a seleção de uma topologia de rede neural adequada é importante em termos de precisão e simplicidade do modelo. Se for necessário, é possível acrescentar ou retirar variáveis de entrada e de saída da RNA. A utilização de RNA para modelar o funcionamento de motores de combustão interna é um progresso mais recente. Esta abordagem foi utilizada para prever o desempenho e as emissões de escape de motores diesel [31] e o consumo específico de combustível de motores diesel [32].

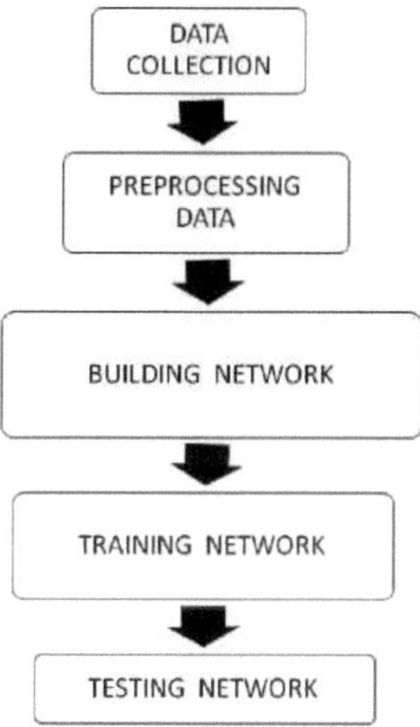

Fig 1.4: Fluxograma do procedimento ANN

1.11 Objetivo da investigação

O presente estudo centra-se na viabilidade de combustíveis alternativos, como o biogás, no gerador a diesel para a produção de energia eléctrica. O principal objetivo é determinar se os resíduos orgânicos (messe de albergue e cantina deixados de fora com bolo de estrume de vaca) podem produzir gás metano (biogás) que pode gerar produção de eletricidade equivalente com poluição mínima do tubo de escape. O objetivo deste trabalho é analisar o comportamento de um gerador a diesel para a produção de eletricidade utilizando biogás (estrume de vaca e resíduos de cozinha) e misturas de biodiesel, bioálcool e petrodiesel a diferentes cargas de funcionamento do motor com base no desempenho do motor e nas emissões do tubo de escape.

Após um estudo exaustivo da literatura, verificou-se que a investigação publicada sobre as caraterísticas de desempenho e de emissões de misturas de biodiesel de óleo de farelo de arroz n-butanol-diesel em várias proporções com vários caudais de biogás em motores diesel para eletrificação rural é limitada. No entanto, muito pouco trabalho foi feito em misturas de biodiesel, bioálcool e petrodiesel com vários caudais de biogás. O butanol provou ser um bioálcool de segunda geração devido ao elevado teor de carbono nas moléculas de álcool e à excelente insolubilidade com outras misturas e com o gasóleo sem qualquer adição de co-solventes ou emulsionantes. As misturas reduzem consideravelmente a dependência dos combustíveis fósseis, que se esgotam rapidamente e afectam o efeito de estufa, o ambiente e as alterações climáticas.

Os campos da otimização multi-objetivo e da modelação ANN no desempenho do gerador do motor diesel surgiram como áreas de investigação nos últimos tempos. Verifica-se que existem muito poucos estudos nestas áreas. Esta constatação foi o principal fator de motivação para a realização do presente trabalho de investigação, com o objetivo de estudar o desempenho e a análise das emissões de um motor diesel monocilíndrico bicombustível que utiliza biogás em várias condições, e os resultados são encorajadores, o que ajudará muito o nosso país a reduzir a dependência dos combustíveis convencionais para a produção de eletricidade.

Tendo em conta o que precede, o objetivo da presente investigação é o seguinte

- Produzir biodiesel a partir de óleo de farelo de arroz e estudar as suas propriedades físico-químicas antes de o testar num gerador a gasóleo.
- Produzir biogás a partir de resíduos orgânicos (resíduos orgânicos de cozinha disponíveis na cantina e no refeitório) através de digestão anaeróbica na central de biogás de tipo cúpula fixa de Deenbandu.
- Avaliar experimentalmente o desempenho térmico e as caraterísticas das emissões de gases de escape de um motor diesel monocilíndrico em modo de funcionamento bicombustível utilizando diesel de base e misturas de biodiesel de óleo de farelo de arroz não comestível sob carga variável a um caudal ótimo de biogás e a um caudal variável de gás em diferentes condições de carga.
- Realizar ensaios de geradores a gasóleo a uma velocidade nominal constante de 1500 rpm com diferentes combustíveis testados.
- Prever a otimização multi-objetivo do desempenho térmico e das emissões de escape do motor com base na carga variável e no tipo de mistura de combustível, utilizando a técnica do algoritmo genético para encontrar as condições de funcionamento óptimas.
- Modelar uma RNA para prever o desempenho do motor e as emissões de escape do gerador a gasóleo utilizado na experimentação.

EM GERADORES A GASÓLEO PARA ELECTRIFICAÇÃO RURAL UTILIZANDO ANN"

1.12 Âmbito da presente investigação

A partir de uma revisão sistemática e exaustiva dos estudos anteriores, o objetivo do presente estudo é utilizar o gás de biogás produzido como combustível para fazer funcionar um gerador com motor diesel e o seu desempenho foi avaliado com base nas propriedades térmicas e nas emissões de gases de escape. Conforme referido no capítulo 2, há um grande número de estudos experimentais para estudar o desempenho térmico dos biodieseis utilizados em motores a gasóleo que funcionam com uma taxa de compressão constante e uma pressão de injeção constante. Nestes estudos, estuda-se o efeito de cargas e caudais de biogás variáveis e de misturas de combustível variáveis no desempenho térmico e nas caraterísticas de emissão do motor. O estudo experimental consistiu na análise da combustão do motor que funciona com gasóleo puro e misturas de biodiesel de óleo de farelo de arroz a diferentes cargas. Não foi realizado qualquer trabalho de investigação com butanol; as suas misturas reduzem grandemente a dependência dos combustíveis fósseis, que se esgotam rapidamente e afectam o efeito estufa, o ambiente e as alterações climáticas. A adição de combustível oxigenado aumenta a estabilidade das misturas. É um combustível limpo para a combustão, ou seja, reduz as emissões. Muito pouca investigação tem sido feita para utilizar o óleo de farelo de arroz como substituto do gasóleo mineral. Pode resolver o problema da eliminação do petro-diesel, bem como aumentar a procura de energia até certo ponto. A sensibilização para o biodiesel é menor na Índia, pelo que é necessário aumentá-la em grande escala. A RNA foi modelada utilizando um conjunto de resultados selecionados do estudo experimental. A precisão com que esta rede neural funciona foi avaliada comparando os resultados da rede com os dados experimentais.

A utilização da biomassa para a produção de eletricidade é mais recente na Índia, mas esta tendência está a acelerar a um ritmo muito rápido. A utilização da biomassa para a produção de eletricidade tem limitações em termos de emissões de gases com efeito de estufa. A fim de obter energia verde sustentável para a produção de eletricidade, têm sido utilizados combustíveis de biomassa. No entanto, tendo em conta os parâmetros de desempenho e de emissões, foi gerada uma quantidade útil de eletricidade verde para fazer funcionar a carga eléctrica doméstica rural.

1.13 Estrutura da tese

A energia eléctrica é uma força motriz para todas as aplicações. No presente trabalho foram efectuadas experiências para utilizar a energia da biomassa para a produção de eletricidade utilizando um gerador a diesel para sistemas distribuídos. O relatório tem como objetivo descrever os pormenores sobre as previsões do desempenho do motor diesel e as caraterísticas das emissões utilizando ANN. O relatório é composto por cinco capítulos. A organização do relatório foi efectuada como se indica a seguir.

1.13.1 Capítulo 1 - Introdução

O conceito de investigação nasce da necessidade que motiva a realização do trabalho em curso, de concetualizar e de prosseguir metodologicamente, sublinhando a motivação, a necessidade, o objetivo da investigação e o âmbito da investigação, que foram destacados no capítulo 1

1.13.2 Capítulo 2 - Revisão da literatura

Tendo em conta o objetivo acima referido, foi realizada uma revisão sistemática e exaustiva da literatura, cujos resultados foram resumidos no Capítulo 2. Neste capítulo, foram discutidos em pormenor os parâmetros de desempenho e as caraterísticas de emissão do gerador a gasóleo que utiliza várias misturas de bio-diesel de RBME com biogás para a produção de energia eléctrica. Foram também efectuados estudos ANN baseados em motores de combustão de combustível duplo

discutidos em pormenor neste capítulo.

1.13.3 Capítulo 3 - Metodologia experimental

O capítulo 3 contém os pormenores das técnicas experimentais utilizadas para a preparação de misturas de biocombustível e a produção de biogás a partir de estrume de vaca e de resíduos de pousada num digestor de cúpula fixa. Foi discutido o equipamento utilizado para a medição de várias propriedades físicas e químicas do óleo de farelo de arroz e das suas misturas com gasóleo para a medição dos parâmetros de desempenho e das caraterísticas de emissão do motor a gasóleo. A modelação ANN utilizada para otimizar os dados experimentais também é discutida em pormenor neste capítulo.

1.13.4 Capítulo 4 - Resultados e discussões

Neste capítulo, os dados da experimentação são analisados e representados em histogramas e curvas. Os resultados são depois discutidos em pormenor e comparados com as conclusões de investigadores anteriores. Os resultados do desempenho da RNA e a precisão com que esta rede neural funciona são avaliados através da comparação dos resultados da rede com os dados experimentais.

1.13.5 Capítulo 5 - Conclusões e perspectivas futuras

As conclusões e os resultados do estudo são resumidos neste capítulo. Este capítulo também descreve algumas áreas de investigação possíveis para estudos futuros.

CAPÍTULO 2

REVISÃO DA LITERATURA

2. Generalidades

O principal objetivo deste capítulo é fornecer informações de base sobre as questões a considerar nesta investigação e realçar a relevância do presente estudo.

2.1 Introdução

Foi realizada uma pesquisa bibliográfica exaustiva a partir de fontes disponíveis sobre a utilização do biogás com diferentes combustíveis alternativos, como o óleo vegetal, o butanol e as suas misturas em diferentes proporções de gasóleo no motor diesel, principalmente com ênfase específica em vários combustíveis gasosos, independentemente dos combustíveis-piloto, no modo de combustível duplo do gerador diesel para a produção de energia eléctrica. Este capítulo contém, de forma resumida, uma descrição actualizada das actividades de investigação no domínio do funcionamento a dois combustíveis do motor diesel, utilizando vários combustíveis gasosos com combustíveis-piloto, incluindo o motor diesel operado em modo simples. Muitos investigadores realizaram numerosos estudos para investigar o efeito do tipo de combustíveis alternativos nos parâmetros de emissão, como monóxido de carbono (CO), hidrocarbonetos (HC), dióxido de carbono (CO2), óxido de azoto (N0x), fumos e partículas (PM), e parâmetros de desempenho, como eficiência térmica do travão (BTE), consumo específico de combustível do travão (BSFC), consumo específico de energia do travão (BSEC), temperatura dos gases de escape (EGT) e parâmetros de combustão, como taxa de libertação de calor, taxa de aumento da pressão e período de atraso da ignição, etc., do motor bicombustível. Neste capítulo, começa-se por fazer uma análise exaustiva, tal como indicado no ponto 2.1, lançando alguma luz sobre a história do desenvolvimento dos motores diesel. A secção 2.2 faz uma revisão dos estudos recentes no domínio dos biodieseis. A secção 2.3 trata de uma revisão exaustiva dos estudos realizados sobre o desempenho, as caraterísticas das emissões e a análise da combustão de diferentes biodieseis. A secção 2.4 aborda os estudos realizados no domínio da utilização do biogás em motores de combustão interna como combustível alternativo para a produção de energia eléctrica. Os estudos computacionais são analisados separadamente na Secção 2.5, que inclui estudos relacionados com a modelização de redes neurais artificiais.

2.2 História dos motores diesel

O primeiro motor diesel foi inventado por Rudolf Diesel. No ano de 1893, Diesel publicou o seu trabalho descrevendo um motor com combustão dentro de um cilindro, denominado motor de combustão interna. Pediu uma patente em 1894 para a sua nova invenção de que o combustível podia ser inflamado sem uma faísca e a invenção do motor diesel teve lugar em fevereiro de 1893 [33]. Foi popularmente conhecido como o pai do motor diesel que tem o seu nome, fez uma primeira tentativa de desenvolver um motor para funcionar com pó de carvão, mas mais tarde concebeu um motor diesel para funcionar com óleo vegetal, com a ideia de que este seria mais popular entre os agricultores devido à disponibilidade imediata de combustível, com uma observação muito famosa: "O facto de se poderem utilizar óleos gordos de origem vegetal pode parecer o modelo principal de Rudolf Diesel, que funcionou com o biodiesel original pela primeira vez em Augsburg, Alemanha, em 10 de agosto de 1898, com óleo de amendoim, seja insignificante hoje em dia, mas esses óleos serão os combustíveis do futuro e tornar-se-ão tão importantes como o petróleo atual e os produtos de alcatrão de hulha" [34].

Até ao ano de 1920, o motor de ignição por compressão foi modificado para ser mais pequeno, mais leve e utilizado em aplicações móveis. Foi também durante a década de 1920 que os fabricantes criaram um grande desafio para a indústria dos biocombustíveis. O motor a gasóleo foi alterado para utilizar a viscosidade mais baixa dos resíduos de combustíveis fósseis em vez de um combustível à base de biomassa. Com o crescimento das indústrias petrolífera e automóvel durante este período, os biocombustíveis foram eliminados do mercado. Foi no final da década de 1970 que a General Motors, nos Estados Unidos, produziu os primeiros automóveis com motor a gasóleo. Mas a sua produção foi interrompida pelo fabricante na década de 1980 porque a compressão mais elevada da combustão a gasóleo provocava fissuras nos blocos e o desgaste prematuro das cambotas.

Embora nas últimas três décadas os motores a diesel com diesel de petróleo como combustível se tenham tornado populares devido à sua maior eficiência térmica e à propriedade inerente de queimar o combustível com uma libertação mínima de calor residual, as suas emissões de escape sob a forma de CO, NOx, opacidade dos fumos e HC tornaram-se uma grande preocupação por causarem poluição atmosférica e aquecimento global, criando assim desequilíbrios no ambiente, o que levou a uma extensa investigação no sentido de utilizar combustíveis limpos, o que nos faz lembrar as palavras do Dr. Rudolf Diesel sobre a utilização de óleo vegetal como combustível para motores a diesel. Só recentemente, as preocupações com o impacto ambiental e uma diferença de preço decrescente fizeram dos combustíveis de biomassa, como o biodiesel, uma alternativa crescente.

2.3 Biodiesel como combustível alternativo em geradores a gasóleo

A maioria dos países depende fortemente de recursos naturais como o petróleo, o petróleo e o gás natural e estes combustíveis fósseis acabam por se esgotar. Por isso, era necessário procurar recursos renováveis que nunca deixariam de existir. Apesar da utilização generalizada de combustíveis fósseis derivados do petróleo, o interesse pelos óleos vegetais como combustíveis para motores de combustão interna foi registado em muitos países nos anos 20 e 30 e, mais tarde, durante a crise petrolífera de 1970. Muitos países, como a Bélgica, a França, a Itália, o Reino Unido, Portugal, a Alemanha, o Brasil, a Argentina, o Japão e a China, testaram e utilizaram óleos vegetais como combustíveis para motores diesel, mas foram comunicados alguns problemas operacionais devido à elevada viscosidade dos óleos vegetais, em contraste com o combustível para motores diesel de petróleo, o que resulta numa fraca atomização do combustível no spray de combustível e conduz a depósitos e coqueificação dos injectores, da câmara de combustão e das válvulas [35]. Muitas das experiências realizadas para ultrapassar estes problemas incluíram o aquecimento do óleo vegetal, a sua mistura com gasóleo derivado do petróleo ou etanol, a pirólise e o craqueamento dos óleos.

A utilização de biodiesel no motor de combustão afecta o desempenho e as emissões do motor, uma vez que os biodieseis têm propriedades físicas e químicas diferentes das dos combustíveis diesel à base de petróleo. São relatados muitos estudos experimentais para estudar o desempenho térmico do combustível misturado com biodiesel utilizado no motor diesel que funciona com uma taxa de compressão constante. No entanto, são relativamente poucos os estudos sobre motores diesel com taxas de compressão variáveis. Para estudar este efeito, é necessária mais investigação sem grandes alterações no motor IC.

O biodiesel é considerado o combustível alternativo mais promissor para os motores diesel nos últimos anos. É definido como um combustível composto por ésteres monoalquílicos de ácidos gordos de cadeia longa derivados de óleo vegetal ou de gordura animal. Não contém petróleo, mas pode ser misturado a qualquer nível com gasóleo de petróleo para produzir uma mistura de biodiesel e pode ser utilizado em motores de ignição por compressão sem grandes modificações. É simples de utilizar, biodegradável, não tóxico e, principalmente, isento de enxofre e de compostos aromáticos. Existem três tipos de óleo que são fontes possíveis para a produção de biodiesel: óleo vegetal, gordura animal e óleo alimentar usado [36]- [39]. Os parâmetros mais importantes, que diferenciam os vários combustíveis, são o número de cetano e o valor calorífico. Mais de 350 culturas oleaginosas foram referidas em vários estudos com base no índice de cetano e no poder calorífico, tendo-se verificado que são comparáveis ao combustível para motores diesel, mas, entre estes, os óleos vegetais ganharam atração devido à sua redução significativa das emissões de partículas em comparação com o combustível para motores diesel.

Babu et al. [40] mostraram que não só o índice de cetano e o poder calorífico, mas também o teor e o tipo de aromáticos, o teor de enxofre, a densidade, etc., são factores importantes para o controlo das emissões.

Mahla S.K. et al. [41] nos seus estudos referiram que o biodiesel era um combustível de baixas emissões testado e comprovado, aceite em todo o mundo pelos fabricantes de motores, mais seguro de manusear e que não exigia infra-estruturas separadas para a sua distribuição e comercialização. O biodiesel era a alternativa ao gasóleo de petróleo e um combustível ecológico produzido a partir de recursos locais.

2.4 Estudos experimentais utilizando biodiesel como combustível em geradores a gasóleo

Esta secção trata de uma breve revisão dos estudos realizados sobre o desempenho térmico, as caraterísticas das emissões e a análise da combustão de motores diesel alimentados a biodiesel. Foram efectuados muitos trabalhos experimentais para utilizar óleos vegetais como combustível para motores diesel modificados ou não modificados, ou então o óleo vegetal pode ser convertido em biodiesel. O biodiesel é um óleo vegetal modificado quimicamente através do processo de transesterificação.

Gerhard K. et al. [42] observaram que o óleo vegetal tem vantagens inerentes de ponto de inflamação mais elevado, teor mínimo de aromáticos e enxofre e lubricidade, mas ainda não é aceitável no mercado comercial devido à sua elevada viscosidade, ponto de fluidez mais elevado, índice de cetano mais baixo e valor calórico.

Ingle S.S. et al. [43] estudaram que, devido à estrutura de hidrocarbonetos de cadeia longa dos óleos vegetais, estes têm boas propriedades de ignição, mas têm uma viscosidade mais elevada, o que provoca depósitos de carbono, formação de goma e uma eficiência térmica reduzida. Por conseguinte, não se recomenda a utilização direta de óleo vegetal puro. No entanto, o óleo vegetal tem um enorme potencial e o seu desempenho pode ser grandemente melhorado pelo processo de transesterificação. Trata-se de um processo em que o óleo vegetal é modificado/convertido em biodiesel através de uma reação química com metanol/etanol na presença de um catalisador como o hidróxido de potássio (KOH) ou o hidróxido de sódio (NaOH), reduzindo assim a sua viscosidade. A redução da viscosidade resolve o problema do engasgamento do motor. Os ésteres metílicos de ácidos gordos, vulgarmente conhecidos como biodiesel, obtidos por transesterificação, podem ser utilizados como combustível alternativo para motores diesel. A reação seguinte demonstra o processo de reação:

$$\begin{array}{ccccccc} CH_2\text{-}COOR_1 & & & & CH_2OH & & R_1COOR \\ | & & & & | & & | \\ CH\text{-}COOR_2 & + & 3ROH & \xrightarrow{\text{catalyst}} & CHOH & + & R_2COOR \\ | & & & & | & & | \\ CH_2\text{-}COOR_3 & & & & CH_2OH & & R_3COOR \\ \text{Triglyceride} & + & \text{Methanol} & \longrightarrow & \text{Glycerol} & + & \text{Biodiesel} \end{array}$$

Equação geral para a transesterificação [43]

Fangrui Maa et al. [44] discutiram as quatro principais formas de produzir biodiesel: utilização direta e mistura, microemulsões, craqueamento térmico (pirólise) e transesterificação. Entre todos estes métodos disponíveis para a produção de biodiesel, a transesterificação de óleos e gorduras naturais foi considerada o melhor método. Com o processo de transesterificação de óleos vegetais, a viscosidade diminui, mas os problemas de desempenho do motor, como a deposição de carbono e a contaminação do óleo lubrificante, continuam a existir. O processo de pirólise produz mais bio-gasolina do que biodiesel. A transesterificação é basicamente uma reação sequencial. O rácio molar comummente aceite de álcool para glicéridos é de 6:1. Os catalisadores de base são mais eficazes do que os catalisadores ácidos e as enzimas. A quantidade recomendada de base a utilizar é entre 0,1 e 1% p/p de óleos e gorduras. O tempo de reação reduz-se e a reação acelera-se com o aumento das temperaturas de reação. Quando a reação começa, é lenta durante um curto período de tempo e, em seguida, prossegue rapidamente e volta a abrandar. O tempo necessário para a conclusão da transesterificação catalisada por bases é de quase uma hora.

Ulf Schuchardta et al. [45] analisaram a transesterificação de óleos vegetais com metanol e estudaram as principais utilizações dos ésteres metílicos de ácidos gordos. Foram também descritos os aspectos gerais deste processo e a aplicabilidade de diferentes tipos de catalisadores (ácidos, hidróxidos metálicos alcalinos, alcóxidos e carbonatos, enzimas e bases não iónicas, tais como aminas, amidinas, guanidinas e triamino (amino) fosforanos). Foi dada especial atenção à guanidina, que pode ser facilmente heterogeneizada em polímeros orgânicos. No entanto, os catalisadores ancorados apresentam problemas de lixiviação. São propostas novas estratégias para obter catalisadores contendo guanidina sem lixiviação. Finalmente, são descritos os biodieseis obtidos por transesterificação de óleos vegetais.

Tickell [46] afirmou que o biodiesel pode ser utilizado sozinho ou misturado em qualquer quantidade com o gasóleo normal. Por este motivo, o biodiesel pode ser utilizado em qualquer motor ou infraestrutura diesel sem necessidade de modificação. Os motores funcionam normalmente com biodiesel porque o combustível tem propriedades semelhantes às do gasóleo normal. O biodiesel tem um índice de cetano elevado que melhora o desempenho do motor. O biodiesel é mais lubrificante do que o gasóleo normal e pode ser utilizado para substituir os agentes lubrificantes compostos de enxofre que, quando queimados, produzem dióxido de enxofre, que é a principal causa das chuvas ácidas, ao passo que o biodiesel não contém enxofre.

Mc Donnel et al. [47] investigaram a utilização de óleo de colza semi-refinado num motor diesel e concluíram que o desempenho do motor é melhor com uma mistura de 25%. No entanto, verificou-se que a utilização de óleo de colza durante um período de tempo mais longo reduz a vida útil do injetor devido ao depósito de carbono sem desgaste no motor.

Kalam et al. [48] realizaram experiências com biodiesel de palma num motor de ignição por compressão de quatro cilindros com injeção indireta. Observou-se que, à medida que o biodiesel de palma aumenta na amostra de combustível, a potência de travagem aumenta.

Dhar et al. [49] relataram o efeito do desempenho em grande escala do biodiesel de karanja em motores de transporte na degradação do óleo lubrificante e observaram um maior aumento da densidade, dos resíduos de carbono e do teor de cinzas no óleo lubrificante do motor alimentado a biodiesel de karanja em comparação com o diesel.

Jindal et al. [50] utilizaram ésteres metílicos de Jatropha e estudaram o efeito dos parâmetros de conceção do motor, como a taxa de compressão e a pressão de injeção de combustível, juntamente com o desempenho do motor diesel, tendo verificado que o aumento combinado da taxa de compressão e da pressão de injeção aumenta a eficiência térmica do travão e reduz o consumo específico de combustível no travão, com emissões de escape mais baixas.

Utlu et al. [51] relataram experimentalmente o desempenho e as emissões de um motor diesel de injeção direta turboalimentado que utiliza biodiesel (éster metílico de óleo de fritura usado WFOME) como combustível. Observou-se que o consumo específico de combustível do WFOME aumentou 14,34%, os valores de emissão diminuíram 17,14% e 1,45% para o monóxido de carbono (CO) e os óxidos de azoto (NOx), respetivamente. A intensidade do fumo aumenta em média 22,46% com a utilização do WFOME em comparação com o gasóleo.

Kalbande et al. [52] testaram experimentalmente o biodiesel produzido a partir de óleo bruto de pinhão-manso e de karanja e as suas misturas com gasóleo para produção de energia num grupo gerador com motor a gasóleo de 7,5 KVA. Verificou-se uma melhoria na eficiência global do gerador para condições de carga de 6.000 W para as misturas de biodiesel de pinhão-manso e karanj, tendo sido observada uma variação de 31-33% e 33-39%, respetivamente. Foi registada uma maior potência e uma eficiência global máxima no caso das misturas de biodiesel B80 e do biodiesel puro de karanja em comparação com o gerador alimentado a gasóleo. Verificou-se que a eficiência global do gerador alimentado com combustível misturado com biodiesel de pinhão-manso é inferior à do gerador alimentado com gasóleo.

Sahoo et al. [53] testaram dez misturas de combustível (gasóleo, B20, B50 e B100) de ésteres metílicos à base de óleo de pinhão-manso não comestível (Jatropha curcas), karanja (Pongamia pinnata) e polanga (Calophylluminophyllum) para utilização como combustível de substituição num motor de trator e concluíram que a potência máxima aumentou quando se utilizou uma mistura de 50% de biodiesel de pinhão-manso e gasóleo à velocidade nominal. O consumo específico de combustível ao travão de todas as misturas de biodiesel com gasóleo aumenta com as misturas e diminui com a velocidade. Verifica-se uma redução do fumo para todos os biodiesel e respectivas misturas quando comparados com o gasóleo.

Baiju et al. [54] relataram experimentalmente o desempenho e as caraterísticas das emissões de escape do motor utilizando petro-diesel como combustível de base e várias misturas de diesel e biodiesel como combustíveis de ensaio. Os seus resultados mostram que os ésteres metílicos do óleo de karanja produzido têm uma potência ligeiramente superior à dos ésteres etílicos. As emissões de gases de escape de ambos os ésteres eram quase idênticas.

Sanjid et al. [55] trabalharam com biodiesel de palma (PB) e biodiesel de pinhão-manso (JB) produzidos a partir dos respectivos óleos vegetais brutos através de transesterificação. Realizaram a sua investigação experimental num motor diesel monocilíndrico a velocidades diferentes do motor, entre 1400 e 2200 rpm, para avaliar o BSFC, a potência do motor e as caraterísticas das emissões de gases de escape e de ruído de uma mistura combinada de palma e pinhão-manso. Os seus resultados indicaram que os biodieseis PBJB5 e PBJB10 apresentaram um BSFC ligeiramente superior ao do gasóleo e que todos os parâmetros de emissão medidos e as emissões sonoras diminuíram, exceto as emissões de NO. O PBJB5 e o PBJB10 têm emissões de CO inferiores em 9,53% e 20,49%, respetivamente, às do gasóleo, ao passo que as emissões de HC para o PBJB5 e o PBJB10 são inferiores em 3,69% e 7,81% às do gasóleo. Devido às suas caraterísticas de lubrificação e amortecimento, os níveis sonoros produzidos pelo PBJB5 e PBJB10 também foram reduzidos em 2,5% e 5% quando comparados com o gasóleo.

Arbab et al. [56] introduziram diretrizes para melhorar o desempenho do motor e as caraterísticas das emissões utilizando diferentes biodieseis e as suas misturas e também comunicaram as propriedades do combustível, o desempenho do motor e as caraterísticas das emissões de diferentes biodiesel à base de vegetais geralmente utilizados (pinhão-manso, palma, coco, semente de algodão, girassol, soja e canola/raça) produzidos a partir de resultados experimentais em diferentes condições que são realizados em todo o mundo. Nos seus estudos, concluíram que a mistura de dois ou mais biodieseis pode ser capaz de melhorar o desempenho do motor e as emissões ao mesmo tempo, enquanto a mistura de um único biodiesel não pode atingir este objetivo. Assim, foi utilizada uma mistura de biodiesel de pinhão-manso e de coco nas suas experiências. Os seus estudos ajudam a comparar facilmente os biodieseis no que respeita às propriedades do combustível, ao desempenho do motor e às caraterísticas das emissões.

Yadav et al. [57-58] utilizaram biodieseis derivados de óleos alimentares usados, óleo de karanja e uma mistura de quatro biodieseis (AJKWB) como combustível num motor diesel de injeção direta e previram as caraterísticas de desempenho e emissões do motor. A eficiência térmica máxima na travagem e o consumo específico mínimo de combustível na travagem foram estudados experimentalmente com uma mistura de 20% de biodiesel/mistura de biodiesel em gasóleo convencional a cerca de 80% da carga nominal de travagem aplicada ao motor. Observou-se que as emissões de CO, UHC eram inferiores às do gasóleo convencional, embora o $NO\chi$ fosse ligeiramente superior ao do gasóleo convencional.

Mahla S.K. et al. [59] prepararam biodiesel a partir de óleo alimentar usado e estudaram o desempenho de um motor diesel de injeção direta (DI) alimentado com misturas de dieselbiodiesel, biodiesel-etanol e acetato de etilo diesel-etanol em toda a gama de carga do motor. Os seus resultados experimentais mostraram que a eficiência térmica de travagem mais elevada (BTE) de 31,12% foi observada para o D80/E13/EA7 a plena carga, ou seja, 7,26% superior à do D100 (28,86%). O BSFC mais elevado para o B100 (262,4 g/kWh) é cerca de 14,9 % superior ao do gasóleo (223,2 g/kWh) a plena carga.

Mahla SK et al. [60] realizaram investigações experimentais para avaliar os efeitos *do* n-butanol em misturas de biodiesel-diesel nas caraterísticas de desempenho e emissões de um motor diesel de injeção direta e velocidade constante. As misturas biodiesel-diesel foram B20, B40 e B60 e as misturas *diesel-biodiesel-n-butanol* foram *D80-B10-nBu10* e *D60-B20-nBu20* numa base volumétrica. Os parâmetros de desempenho avaliados foram a eficiência térmica do travão (BTE), o consumo específico de combustível do travão (BSFC) e a potência do travão (BP). Foram também monitorizadas as caraterísticas das emissões, incluindo o monóxido de carbono (CO), os hidrocarbonetos não queimados (UHC) e os óxidos de azoto (NO_x) com diferentes proporções de mistura. Todos os ensaios foram efectuados a uma velocidade constante de 1500 rpm e em diferentes condições de carga. Em condições de plena carga, os resultados mostraram que *o nBu10*, quando comparado com o B0, aumentou o BSFC em 38,3% e o teor de HC em 19,9%. Além disso, as emissões de CO foram reduzidas em 22,53%, enquanto as emissões de NO_x aumentaram em 3,6%. Tendo em conta a redução das emissões de escape e o desempenho comparável do motor, *o n-butanol* pode ser utilizado juntamente com misturas de biodiesel-diesel num motor diesel convencional sem qualquer modificação.

2.5 Estudos experimentais de biogás e biodiesel em gerador a gasóleo de modo dual

Porpatham et al. [61, 62] efectuaram experiências num motor de ignição comandada e estudaram o efeito da concentração de metano no biogás, tendo verificado que, com o aumento da percentagem volumétrica de metano, as emissões de HC diminuíam drasticamente, enquanto as emissões de NO_x eram quase fixas. A eficiência térmica também aumentou, mas foi necessário adiar a regulação da ignição como estratégia para controlar a variação cíclica.

Barik et al. [63] investigaram o efeito de diferentes taxas de fluxo de biogás com diesel como combustível piloto. Induziram o biogás no coletor de admissão a quatro taxas de fluxo diferentes, *viz.*, 0,3 kg/h, 0,6 kg/h, 0,9 kg/h e 1,2 kg/h juntamente com o ar. Eles analisam e comparam as caraterísticas de combustão, desempenho e emissão do motor na operação de combustível duplo com a operação de combustível diesel.

Mustafi NN et al. [64] estudaram as caraterísticas da combustão e das emissões de um motor bicombustível que funciona com gás natural (GN) e biogás (BG). O motor funcionou a baixa carga e a alta carga, isto é, a 10% e 85%, respetivamente, a 1800 rpm. Verificou-se que os atrasos de ignição são maiores, mas a duração da combustão é menor nas operações de duplo abastecimento. As emissões de NO_x e PM foram menores e as emissões de hidrocarbonetos não queimados (UHC) foram maiores para as operações de biogás-diesel com duplo combustível, em comparação com o abastecimento de gasóleo. Os autores referiram que o BSFC aumentava à medida que o biogás era introduzido no motor. Verificou-se que o aumento do BSFC era proporcional à quantidade de CO_2 presente nos biogases simulados. Quando os resultados são apresentados numa base energética, BSEC, verifica-se que são semelhantes entre si. Registou-se a mesma pressão máxima do cilindro para o gasóleo (elevado) e o duplo abastecimento, independentemente da qualidade do gás combustível nas condições de funcionamento do motor. Verificou-se também que a pressão máxima do cilindro no caso do duplo abastecimento ocorre mais tarde no ciclo, quando comparado com o abastecimento DH. As condições de duplo combustível foram comparadas com as do gasóleo a carga elevada, tendo sido calculado um período de retardamento da ignição mais longo para o gasóleo a carga baixa. O maior atraso na ignição pode dever-se à presença de maior quantidade de CO_2 no combustível gasoso. Obteve-se uma taxa máxima de libertação líquida de calor cerca de 27% e 30% mais elevada para o abastecimento D (gasóleo) + GN (gás natural) e D + BG (biogás), respetivamente, em comparação com o abastecimento a gasóleo. As emissões específicas de NOx para a dupla alimentação foram sempre inferiores às condições de alimentação a gasóleo. Para diferentes condições de abastecimento D + BG, observou-se que a concentração específica de NOx foi reduzida em cerca de 9 a 12%. Com a introdução do combustível gasoso, as emissões específicas de UHC aumentaram acentuadamente em comparação com o abastecimento de base com gasóleo. Quando comparadas as condições de alimentação D + GN e D + BG, as emissões específicas de UHC aumentaram rapidamente neste último caso, o que pode ser proporcional ao teor de CO_2 no biogás. No caso do duplo abastecimento, as emissões mássicas de partículas foram substancialmente reduzidas, independentemente da sua qualidade. Neste estudo, as emissões de partículas foram reduzidas em cerca de 70%. Foram observados resultados semelhantes para o abastecimento D + GN e D + BG.

Lu et al. [65] investigaram a aplicação de biogás em motores de ignição por compressão com elevada eficiência térmica, que são libertados principalmente em modo de combustível duplo, sendo o biogás utilizado como combustível de injeção de porta e o combustível de injeção direta como combustível do tipo diesel. Verificaram que as emissões de fuligem e de NO_x diminuíram, enquanto as emissões de CO aumentaram significativamente.

Sahoo et al. [66] verificaram que a tendência para a ocorrência de detonação aumentaria nos motores de combustível duplo alimentados a gás natural e a gasóleo. Entretanto, a tendência para a detonação precoce aumentaria quando a carga fosse média ou elevada, se o tempo de injeção fosse mais avançado, utilizando o combustível gasoso como substituto do combustível diesel num modo de funcionamento com dois combustíveis. A eficiência térmica melhora com o aumento da velocidade do motor. Com o aumento da velocidade do motor, a taxa de aumento da pressão diminui e é mais elevada do que no caso do gasóleo. A uma velocidade constante do motor, a pressão máxima de combustão é ligeiramente superior à do gasóleo. Ao avançar a regulação da injeção no motor diesel bicombustível, é possível melhorar a eficiência térmica. Os seus resultados indicam que, com o avanço do tempo de injeção, houve um aumento dos NOx e uma redução das emissões de CO e UBHC. Ao aumentar a quantidade de combustível piloto, melhorou-se a eficiência térmica e o binário de saída. Verificou-se que o aumento da massa de combustível piloto resulta numa pressão máxima de combustão mais elevada, mas reduz a taxa máxima de aumento da pressão. Verificou-se que, com o aumento da quantidade de combustível piloto, se registava uma detonação precoce a cargas elevadas. O aumento do combustível piloto e a redução do combustível primário reduzem os fenómenos de detonação. Ao aumentar a quantidade de combustível piloto, verificou-se um aumento dos NOx e uma redução do CO e dos UBHC. A detonação começa mais cedo quando é utilizada uma taxa de compressão elevada. O aumento da taxa de compressão aumenta geralmente o ruído da combustão.

Selim et al. [67] mediram os dados relativos aos limites de detonação e de ignição e ao ruído de combustão de um motor bicombustível alimentado com gasóleo e gás de petróleo liquefeito, metano puro e mistura de gás natural comprimido separadamente. O seu estudo do ruído de combustão, que foi avaliado pela taxa máxima de aumento da pressão e pelos limites de detonação, foi considerado como a saída de binário no início da detonação. Nas suas experiências, verificaram que o ruído de combustão e os limites de detonação estavam relacionados com os tipos de combustível gasoso, a conceção dos motores e os parâmetros de funcionamento.

M.F. Demirbas et al. [68] referiram que a bioenergia contribui atualmente para 10-15% (aproximadamente 45 EJ) da utilização mundial de energia e que vários países estabeleceram objectivos para a utilização de combustíveis produzidos a partir da biomassa. Vários estudos de cenários sugerem que as quotas de mercado potenciais da biomassa moderna até ao ano 2050 serão de cerca de 10-50%. No século ^{XXI}, a utilização dos recursos de biomassa será um dos parâmetros mais importantes para a proteção do ambiente. A biomassa absorve CO2 durante o crescimento e emite-o durante a combustão. Por conseguinte, a biomassa ajuda a reciclagem do CO_2 atmosférico e não contribui para o efeito de estufa.

Prajapati et al. [69], no seu trabalho, investigaram o desempenho e os parâmetros de emissão num motor diesel monocilíndrico a quatro tempos. Os resultados experimentais mostram que 25% do gasóleo é poupado a baixa carga e as emissões de CO2, CO e HC aumentam ligeiramente com o aumento da carga. A temperatura dos gases de escape também aumenta com a carga em ambos os modos de combustível (gasóleo e gasóleo-biogás).

Jiang Chang-Qiu et al. [70], através das suas experiências e análises, provaram que a aplicação do biogás como combustível para motores bicombustível diesel-biogás é viável e económica. A poupança de óleo obtida com a ligação direta do biogás a alta pressão ao motor é inferior à obtida com a ligação do biogás a baixa pressão. Além disso, o motor que liga biogás a alta pressão produz um ruído mais forte do que o que liga biogás a baixa pressão.

De acordo com a **Bio-system engineering** [71], o desempenho de remoção de H_2S dos meios à base de resíduos de jardim foi afetado tanto pela dimensão das partículas como pelo teor de humidade. Em comparação com um produto comercial, a esponja de ferro com resíduos de jardim triturados ou digeridos como material de suporte do meio teve um desempenho comparável de remoção de H_2S na sua dimensão óptima de partículas e/ou teor de humidade. Entretanto, a esponja de ferro com o material de suporte de tabaco usado mostrou um fraco desempenho na remoção de H_2S. Os resíduos de jardim digeridos podem ser o melhor material de suporte alternativo da esponja de ferro para a remoção de H_2S, especialmente considerando que os resíduos de jardim são também uma matéria-prima para a produção de biogás.

Bhabani Prasanna Pattanaik [72], nos seus resultados de ensaio, mostrou um consumo específico de combustível do motor mais elevado a 20% e 40% da carga e, comparativamente, um BSFC muito mais baixo a cargas mais elevadas do motor. Também a BSFC no modo de combustível duplo foi superior à do modo de combustível único a 20% e 40% de carga, mas é quase igual para ambos os modos a cargas mais elevadas do motor. A eficiência térmica do travão do motor de ensaio no modo de combustão bicombustível para ambos os combustíveis-piloto foi inferior à do modo de combustão monocombustível a todas as cargas do motor. Verificou-se também que, em condições de carga elevada, ou seja, acima de 60% da carga do motor, o BTE foi mais elevado no modo de combustão monocombustível do que no modo de combustão bicombustível. As emissões de CO do motor de ensaio foram mais elevadas tanto para o gasóleo como para o KOBD no modo de combustão de combustível único em comparação com o modo de combustão de combustível duplo. Os resultados indicam também um aumento quase linear das emissões de CO com o aumento da carga do motor nos modos de combustão simples e dupla. Por outro lado, os resultados mostraram uma diminuição linear das emissões de HC no modo de combustão dupla e um aumento linear das mesmas no modo de combustão de combustível único com o aumento da carga do motor. As emissões de $NO\chi$ do motor aumentam linearmente com o aumento da carga do motor, tanto no modo de combustão simples como no modo de combustão dupla. Em especial, as emissões de NOx foram consideradas mais elevadas no modo de funcionamento com um único combustível em comparação com o modo de funcionamento com dois combustíveis. No modo de funcionamento com um único combustível, a concentração das emissões de NOx do KOBD é superior à do gasóleo.

Bora BJ et al. [73], nos seus estudos, verificaram que os resultados deste estudo piloto de combustível em modo de combustível duplo indicavam que o biogás de éster metílico de óleo de farelo de arroz (RBME) produzia uma eficiência máxima de 19,97% em comparação com 18,4% e 17,4% para o biogás de éster metílico de óleo de pongâmia (PME) e o biogás de éster metílico de óleo de palma (POME), respetivamente a 100% de carga. Para as mesmas condições de carga e no mesmo modo, a substituição máxima de combustível líquido para o biogás RBME, o biogás PME e o biogás POME é de 79%, 78% e 77%, respetivamente. O estudo das emissões revelou que, no modo de duplo combustível, em comparação com o biogás RBME, há um aumento das emissões de CO para o biogás PME e o biogás POME de 25,74% e 32,58%, respetivamente. Além disso, para o biogás PME e o biogás POME, as emissões de HC aumentaram 11,73% e 16,27%, respetivamente, em comparação com o biogás RBME. Por outro lado, verifica-se uma diminuição das emissões de NOX de 5,8% e 14%, respetivamente, para o biogás PME e o biogás POME, em comparação com o éster metílico do óleo de farelo de arroz. As emissões de CO2 do biogás PME e do biogás POME também diminuíram em 23,1% e 31,83%, respetivamente, em comparação com o éster metílico do óleo de farelo de arroz. Assim, a combustão dupla biodiesel-biogás é uma tecnologia promissora que oferece baixas emissões de NOX e de partículas com uma eficiência marginalmente inferior à do gasóleo.

2.6 Estudos experimentais de biogás e biodiesel para produção de energia eléctrica

Luijten et al. [74] relataram as primeiras medições de combustível duplo com óleo de pinhão-manso puro e biogás usando um gerador de motor diesel de 12 KW. O estudo explica o efeito do funcionamento com dois combustíveis na eficiência volumétrica e no rácio de admissão de ar. A cargas mais elevadas, a eficiência térmica quase não é afetada pela adição de diferentes qualidades de biogás ao ar de admissão, mas a cargas mais baixas há uma diminuição de 10% na eficiência térmica pela adição de biogás, independentemente da qualidade do biogás.

Yaliwal et al. [75] referiram que os combustíveis renováveis podem ser utilizados como combustível para aplicações nos transportes e na produção de eletricidade. Tendo em conta as suas experiências exaustivas sobre a utilização de gás de produção para aplicações em motores de ignição por faísca (Sf) e de ignição por compressão (Cf) para ensaios de curto e longo prazo, foram relatadas na literatura. Verificou-se que, para o controlo dos níveis de emissão de NOx e de fuligem, a utilização de gás de produção derivado da biomassa é mais fiável para a produção de energia rural e constitui uma técnica promissora. Verificou-se que a eficiência térmica do travão dos motores a gás de produção com um e dois combustíveis era muito inferior à dos motores a gasóleo/biodiesel e sugeriu-se que pode ser melhorada melhorando as propriedades do combustível, adoptando bons parâmetros de funcionamento ou modificando a conceção do motor.

Mydim et al. [76] realizaram o seu estudo para determinar se os resíduos alimentares podem ser utilizados para produzir biogás (metano) que pode gerar eletricidade e quanto metano pode ser produzido com uma certa quantidade de matéria-prima. Introduziram o conceito de mini-usina de biogás (MBPP) que pode gerar 600kW de eletricidade por dia, uma vez que este sistema pode gerar eletricidade cerca de 25kW/h e produzir aproximadamente 180 metros cúbicos de metano por dia. Quanto maior for o número de resíduos, maior será a quantidade de gás metano produzido. O estrume de vaca é utilizado para aumentar as bactérias no tanque; a produção de gás metano será maior se as bactérias se reproduzirem

Bazmi et al. [77] apresenta um modelo geral de otimização da produção descentralizada de energia para países em desenvolvimento. Foi desenvolvido e executado um modelo de programação não linear de números inteiros mistos, representando decisões relativas (1) ao número, localização e dimensões óptimas de vários tipos de instalações de processamento, (2) às quantidades de biomassa transportada e à energia eléctrica a transmitir entre as localizações selecionadas durante um período selecionado, e reduzindo a função objetivo do custo global de produção.

Nos seus estudos, **Viral et al.** [78] abordam o cenário energético indiano, a penetração das energias renováveis nas zonas rurais da Índia, uma breve revisão da literatura, as mini-redes (conceito de MG, tecnologias utilizadas em MG, tipos de MG, méritos e deméritos). O documento também aborda as aplicações potenciais das MG na eletrificação rural e as iniciativas indianas de desenvolvimento de MG na Índia.

2.7 Estudos experimentais de RNA para geradores a gasóleo

A utilização de RNA para modelar o funcionamento de um gerador a gasóleo é um progresso mais recente. Esta tem sido utilizada para a previsão das caraterísticas de desempenho e das emissões de motores a gasóleo e a gasolina.

Yusuf et al. [79] efectuaram experiências com um motor diesel alimentado com uma combinação de gás natural comprimido e gasóleo. Para prever a potência de travagem, o binário, o consumo específico de combustível na travagem e as emissões do motor, foi utilizada a modelação ANN. Observou-se que havia uma boa correlação entre os valores previstos e os experimentais, com o coeficiente de correlação a variar entre 0,92 e 0,99.

O estudo de **Rao et al.** [80] trata da modelação por redes neuronais artificiais (RNA) de um motor diesel IDI que utiliza ésteres metílicos de farelo de arroz com aditivo de isopropanol para avaliar a eficiência térmica à travagem, o consumo específico de combustível à travagem e as emissões de escape do motor. Através do método de tentativa e erro, foi selecionado o número de neurónios necessários para o estudo. Neste estudo, a carga e o tipo de mistura de combustível utilizada foram parâmetros de entrada. Foram previstos parâmetros de saída como o consumo específico de combustível no travão (BSFC), a eficiência térmica da travagem (BTE), as emissões de escape como hidrocarbonetos (HC), óxidos de azoto (NO_χ), monóxido de carbono (CO), dióxido de carbono (CO_2), oxigénio (O_2), temperatura dos gases de escape (E.G.T) e fumo. O algoritmo Trainlm (algoritmo de Levenberg Marquardt) foi utilizado para treinar a rede e a previsão dos parâmetros foi efectuada utilizando o método de retropropagação.

Hari Prasad et al. [81] realizaram uma experiência utilizando um motor diesel a 4 tempos, monocilíndrico, da marca Kirloskar, arrefecido a água, para o seu estudo sobre "Análise do desempenho e das emissões de escape de um motor diesel que utiliza ésteres metílicos de óleo de peixe com

Ajuda da Rede Neuronal Artificial". No seu estudo, a RNA foi utilizada para prever o desempenho e as emissões de gases de escape de um motor diesel alimentado com misturas de biodiesel foi estudado. . Em todas as experiências, a velocidade do motor foi mantida constante a 1500 rpm e foram determinados o desempenho e as emissões de escape de um motor diesel que utiliza misturas de biodiesel com combustível diesel até 100% - nomeadamente 0%, 20%, 40%, 60%, 80% e 100%. A rede neural foi treinada utilizando a rede neural feed forward com duas camadas ocultas. Alguns dos dados experimentais foram utilizados para treinar um modelo RNA baseado numa rede neural de avanço, enquanto as caraterísticas de emissão foram chamadas a partir da rede de desenvolvimento. Observaram que o modelo RNA pode prever as emissões de escape do motor bastante bem com coeficientes de correlação, com erros de raiz quadrada média muito baixos. O seu estudo mostra que a abordagem RNA pode ser utilizada como alternativa às técnicas de modelização clássicas para prever com precisão o desempenho e as emissões dos motores de combustão interna.

Erol Arcaklioglu et al. [82], na sua experiência sobre "O desempenho e as emissões de escape de um motor diesel", utilizaram redes neurais artificiais (RNA) para determinar o desempenho e as emissões de escape de um motor diesel em função da pressão de injeção, da velocidade do motor e da posição do acelerador. Realizaram experiências para quatro pressões, nomeadamente 100, 150, 200 e 250 bar, com posições de aceleração de 50, 75 e 100%. Nas suas experiências, investigaram as emissões de escape, tais como SO_2, CO_2, NOx e nível de fumo (%N). A rede foi treinada utilizando os dados experimentais. Os parâmetros de entrada foram a pressão de injeção, a velocidade do motor e a posição do acelerador, enquanto os valores de desempenho e as caraterísticas das emissões de escape foram utilizados como camada de saída. Na sua rede, foi utilizado o algoritmo de aprendizagem de retropropagação com três variantes diferentes, uma e duas camadas ocultas, e uma função de transferência sigmoide logística. Verificaram que, na maioria dos casos, a rede produz resultados próximos dos experimentais: por conseguinte, podem ser utilizados como uma forma alternativa de redes para a previsão do desempenho do motor e das emissões de gases de escape de um motor diesel.

D. Karonis et al. [83] efectuaram uma experiência sobre - "A Neural Network Approach for the Correlation of Exhaust Emissions from a Diesel Engine with Diesel Fuel Properties" (Uma abordagem de rede neural para a correlação das emissões de escape de um motor diesel com as propriedades do combustível diesel). Realizaram experiências com um motor diesel monocilíndrico Petter AV1-LAB, de potência nominal 3,7 kW a 1500 rpm. Utilizam quatro gasóleos com diferentes propriedades como combustíveis de base. Para manter a simplicidade da estrutura e a rapidez dos algoritmos de treino, foi escolhida a rede de função de base radial (RBF). As previsões do modelo basearam-se em níveis precisos da curva de destilação , no índice de cetano, na densidade e na viscosidade cinemática dos combustíveis. Para as emissões de partículas, foi também utilizado o teor de enxofre. As previsões obtidas foram consideradas muito encorajadoras para todas as emissões consideradas.

Gholamhassan Najafi [84] efectuou uma experiência sobre - "Combustion Analysis of a CI Engine Performance Using Waste Cooking Biodiesel Fuel with an Artificial Neural Network Aid". Para avaliar o desempenho da combustão e das emissões, foi efectuada uma experiência com um motor diesel RD270 Ruggerini comercial de dois cilindros, arrefecido a água, em linha, naturalmente aspirado, utilizando óleo alimentar vegetal usado como combustível alternativo. Para medir as emissões de CO e HC, foi utilizado um analisador de gases Horiba, modelo MEXA-324GB. O modelo ANN foi treinado utilizando o algoritmo de retropropagação, com diferentes variantes. A camada de entrada da rede neural artificial era constituída por 2 neurónios, que correspondiam à velocidade do motor (em rpm) e aos níveis de misturas de biocombustíveis como variáveis de entrada. Para avaliar o desempenho do motor, a camada de saída tinha 4 neurónios que indicavam quatro resultados: o binário do motor em Nm, o consumo específico de combustível no travão (BSFC) em litros/KW/hora e as emissões, incluindo HC e CO em ppm.

J.Mohammadhassani et al. [85] realizaram uma experiência sobre - "Prediction of NOx Emissions from a Diret Injection Diesel Engine Using Artificial Neural Network". A experiência foi realizada num motor diesel de seis cilindros, DI, a quatro tempos, para veículos pesados (HD). As propriedades do motor, como as emissões de escape (NOx, fuligem, HC, CO, CO2), a relação ar-combustível (AFR) e a temperatura do ar de admissão são calculadas por uma série de instrumentos ligados. Foram ajustados muitos parâmetros, tais como polarizações, pesos, número de camadas ocultas, número de neurónios da camada oculta e tipo de função de transferência, para obter a melhor previsão da rede. O algoritmo utilizado para o treino da rede foi o algoritmo LM, sendo que as polarizações e os pesos têm de ser modificados em cada época. O modelo foi treinado com 80% de um total de 144 dados experimentais obtidos e, para a validação da rede, 10% dos dados foram selecionados aleatoriamente, enquanto os restantes dados foram utilizados para testar a precisão da rede. A RNA foi utilizada para prever a relação entre as emissões de NOx e os parâmetros de funcionamento de um motor diesel de injeção direta. A sua rede neural artificial permitiu prever as emissões de NOx do motor testado com um erro de cerca de 10%, o que foi bastante eficaz.

Mustafa Canakci et al. [86] realizaram a experiência - "Prediction of performance and exhaust emissions of a diesel engine fuelled with biodiesel produced from waste frying palm oil". A experiência foi efectuada a diferentes regimes do motor para condições de carga máxima. As velocidades do motor selecionadas para a experiência foram 1000, 2000 e 3000 rpm e foram controladas dentro de 25 rpm ao longo da duração do ensaio. As propriedades do combustível, a velocidade do motor, ambos os caudais e a pressão de injeção foram os dados de entrada, enquanto todas as emissões (CO, CO_2, UHC, NOx e nível de fumo SL), a carga do motor BT, a pressão máxima dos gases do cilindro CP e a eficiência térmica TE foram medidas como dados de saída. Neste estudo, foi aplicado o algoritmo de aprendizagem denominado "back propagation" para a camada oculta única em todas as redes. Para encontrar a saída com precisão na fase de treino, foi tentado aumentar o número de neurónios (5-8) na camada oculta. Os erros que ocorreram nas fases de aprendizagem e de teste são descritos e os valores percentuais dos erros médios RMS e R2 foram reduzidos.

R. Senthil Kumar et al. [87] no seu estudo sobre - "Performance and Emission Analysis Using Pongamia Oil Biodiesel Fuel with an Artificial Neural Network" (Análise do desempenho e das emissões utilizando biodiesel de óleo de pongâmia com uma rede neural artificial), fizeram experiências com um motor diesel de um cilindro e quatro tempos alimentado com biodiesel de pongâmia pinnata e misturas de combustível diesel e funcionou a diferentes velocidades e cargas do motor. Foi utilizada a modelação por redes neuronais artificiais (RNA) para prever a potência de travagem, o binário, o consumo específico de combustível e as emissões de escape do motor. Os dados obtidos em experiências já efectuadas foram utilizados para treinar e testar a rede neural artificial proposta. Os resultados mostraram que o algoritmo de treino Back Propagation era suficientemente preciso para prever o binário do motor, o consumo específico de combustível e os componentes dos gases de escape para várias velocidades do motor e diferentes proporções de misturas de combustível.

2.8 Lacuna na literatura

Foram efectuados muitos trabalhos sobre a transesterificação de óleos comestíveis. A extração de biodiesel através da transesterificação de óleos não comestíveis tem sido objeto de um número limitado de trabalhos. Na Índia, o elevado custo dos óleos alimentares impede a sua utilização na preparação de biodiesel. Mas os óleos não comestíveis são acessíveis para a produção de biodiesel. O custo associado ao biodiesel é reduzido devido ao baixo custo dos óleos não comestíveis. O óleo de farelo de arroz é um óleo vegetal não comestível menos utilizado, que está disponível em grandes quantidades nos países que cultivam arroz, e muito pouca investigação tem sido feita para utilizar este óleo como substituto do gasóleo mineral. Poderia ser utilizado para algum fim útil que pudesse resolver o problema da eliminação do gasóleo de petróleo, bem como aumentar até certo ponto a procura de energia . A sensibilização para o biodiesel é menor na Índia, pelo que é necessário aumentá-la em grande escala. A adição de combustível oxigenado aumenta a estabilidade das misturas. Também é necessária mais investigação sobre este aspeto. Assim, devido ao desconhecimento dos benefícios deste óleo de farelo de arroz não utilizado para a extração de biodiesel, foi realizado um número limitado de trabalhos de investigação sobre a sua utilização em geradores a gasóleo. No entanto, muito pouco trabalho foi feito em misturas de biodiesel, bioálcool e petrodiesel em várias taxas de fluxo de biogás. Não foram efectuados trabalhos de investigação sobre a utilização do butanol; as suas misturas reduzem consideravelmente a dependência dos combustíveis fósseis, que se esgotam rapidamente e afectam o ambiente e as alterações climáticas. Após um estudo exaustivo da literatura, verificou-se que ainda não foi realizada qualquer investigação sobre as caraterísticas de desempenho e de emissões de misturas de biodiesel de óleo de farelo de arroz-butanol-diesel em várias proporções com vários caudais de biogás em geradores com motor diesel para eletrificação rural. Nenhum trabalho foi realizado com taxas de fluxo de 2,2 kg/hr e 3,2 kg/hr de biogás para o funcionamento do motor diesel para geração de energia. Além disso, os poucos estudos são relatados nos campos de otimização multiobjetivo e modelagem ANN no desempenho do gerador de motor a diesel nos últimos tempos.

Esta observação foi o principal fator de motivação para realizar o presente trabalho de investigação para investigar o desempenho e a análise das emissões de um motor diesel monocilíndrico bicombustível e de combustível misto que utiliza biogás em várias condições e os resultados são encorajadores, o que ajudará muito o nosso país a reduzir a nossa dependência dos combustíveis convencionais para a produção de eletricidade.

CAPÍTULO 3

METODOLOGIA DE ENSAIO EXPERIMENTAL

3. Generalidades

A metodologia de investigação adoptada no decurso das presentes investigações para realizar o estudo experimental, juntamente com os pormenores do equipamento utilizado para a medição de vários parâmetros, é apresentada neste capítulo.

3.1 Petróleo e gás

Para o estudo experimental, foram selecionados o éster metílico do óleo de farelo de arroz e o biogás, porque estes dois combustíveis estão facilmente disponíveis na Índia e são rentáveis. Foram efectuadas diferentes experiências para determinar as caraterísticas físicas e químicas do óleo, da forma transesterificada e da mistura. O gasóleo com baixo teor de enxofre foi adquirido numa bomba de gasolina local da Indian Oil Corporation Limited, que foi utilizado como combustível de referência. Para o presente estudo, considerou-se um motor a gasóleo de um cilindro, dado o seu grande potencial futuro para utilização na agricultura e em pequenas unidades de produção de eletricidade. Estudou-se o desempenho e o estudo das emissões deste motor utilizando misturas de óleo de farelo de arroz com biogás como combustível em modo de funcionamento normal em diferentes condições de ensaio do motor. As condições de ensaio são a velocidade constante, carga variável e caudais de gás variáveis. Toda a atividade de investigação foi planeada de acordo com a sequência apresentada na figura 3.1.

O trabalho de investigação foi realizado em dois estudos seguintes:

1. Estudo experimental
2. Estudo computacional

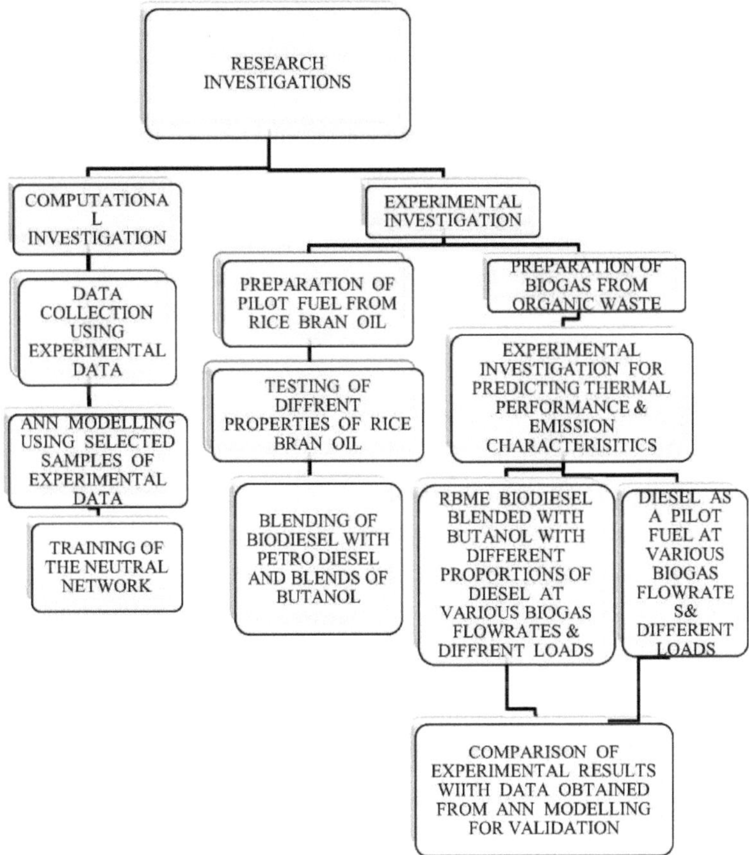

Fig 3.1: Fluxograma típico que mostra o caminho seguido para a preparação da amostra e experimentação

No presente trabalho de investigação, foram realizadas duas experiências com o gerador a gasóleo de modo bicombustível. O desempenho térmico e as caraterísticas das emissões foram avaliados através do funcionamento do motor com diferentes taxas de compressão predefinidas, diferentes pressões de injeção e cargas variáveis.

O primeiro ***experimento*** foi baseado na produção e utilização de biogás como combustível em gerador a diesel para geração de energia elétrica e realizado durante a operação de motor diesel monocilíndrico abastecido com diesel como combustível piloto em várias taxas de fluxo de biogás em 1,2kg/h, 2,2kg/h e 3,3 kg / h e comparado com diesel puro.

A ***segunda experiência*** foi realizada durante a operação de um motor diesel monocilíndrico com misturas de éster metílico de farelo de arroz e butanol em diferentes proporções com combustível diesel em várias taxas de fluxo de biogás a 0,48kg/h, 1,2kg/h e 2 kg/h para a geração de energia elétrica para eletrificação rural.

O estudo computacional consistiu na otimização multi-objetivo do desempenho térmico e das caraterísticas de emissão e na modelação de uma RNA para o motor. Para confirmar a fiabilidade da estimativa, os resultados experimentais foram comparados com os resultados previstos com base na RNA em ambas as experiências.

A otimização multi-objetivo foi conduzida utilizando a técnica do algoritmo genético, a fim de obter um desempenho e emissões óptimos do motor quando abastecido com misturas de biodiesel de óleo de farelo de arroz e gasóleo. A RNA foi modelada utilizando um conjunto de resultados selecionados do estudo experimental. A precisão com que esta rede neural funciona foi avaliada comparando os resultados da rede com os dados experimentais.

3.2 Preparação do biodiesel

O biodiesel foi preparado no laboratório e misturado com gasóleo e butanol em diferentes proporções, tendo sido preparadas misturas para a realização de ensaios físicos e de motores.

Foram preparadas duas misturas de biodiesel de óleo de farelo de arroz, butanol e gasóleo.

i. nB10B10D80 i. e10% de butanol foi misturado com 10% de biodiesel e 80% de gasóleo

ii. nB20B20D60 i. e20% de butanol foi misturado com 20% de biodiesel e 60% de gasóleo

A viscosidade e a densidade do combustível são as propriedades mais importantes quando utilizado em motores. Embora os óleos vegetais possam ser utilizados diretamente como combustível alternativo ao gasóleo nos motores diesel para reduzir as emissões nocivas de gases de escape, a sua viscosidade e densidade mais elevadas limitaram a sua utilização comercial devido ao facto de se ter verificado que o óleo vegetal puro provoca gomas, estrangulamento do sistema de injeção, menor eficiência térmica e depósito de carbono devido à longa estrutura dos hidrocarbonetos. A utilização direta de óleos vegetais e/ou a utilização de misturas de óleos é geralmente considerada não satisfatória e impraticável para os motores diesel diretos e indirectos. é necessário que o combustível misturado possua uma caraterística de desempenho melhorada ou equivalente à do diesel. No entanto, verificou-se que o óleo vegetal, após uma reação química conhecida como transesterificação, pode ser utilizado como biodiesel a 100% ou em misturas com diesel em motores diesel sem qualquer modificação dos motores. O biodiesel é não tóxico, biodegradável, isento de enxofre e de compostos aromáticos e, acima de tudo, simples de utilizar. De todos os métodos de redução da viscosidade, verificou-se que o processo de transesterificação produz bons resultados e está a ser utilizado comercialmente na produção de biodiesel a partir de óleo vegetal. A transesterificação é definida como o processo químico de reação do óleo vegetal, um triglicérido, com um álcool na presença de um catalisador para produzir glicerol e éster gordo. Neste processo, os ácidos gordos do óleo vegetal trocam de lugar com os grupos (OH) do álcool, produzindo glicerol e ésteres metílicos, etílicos ou butílicos, consoante o tipo de álcool utilizado. A produção de glicerol e de ésteres metílicos a partir de triglicéridos e de metanol é apresentada através de uma reação química na figura 3.2.

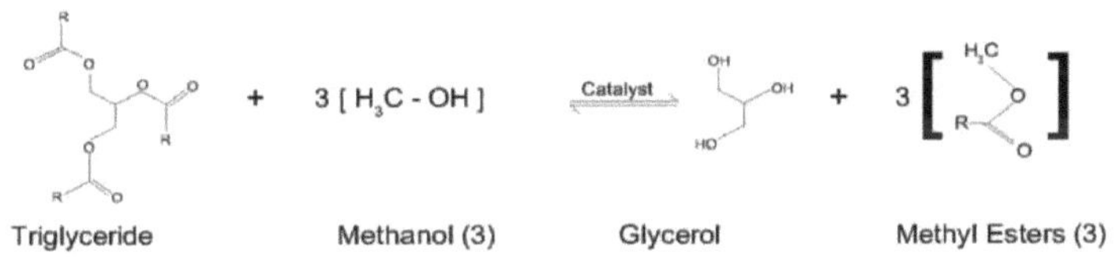

Triglyceride + 3 [H_3C - OH] —Catalyst→ Glycerol + 3 [Methyl Esters]

Triglyceride | Methanol (3) | Glycerol | Methyl Esters (3)

Fig. 3.2: Reacções de transesterificação para a produção de biodiesel

As etapas envolvidas na extração de biodiesel do farelo de arroz e das suas misturas são discutidas em pormenor:

3.2.1 Extração de biodiesel de farelo de arroz por transesterificação

O óleo de farelo de arroz é extraído do gérmen e da casca interna, geralmente conhecida como farelo, que é um subproduto da indústria de transformação do arroz. 15-20% do teor de óleo está presente no óleo de farelo de arroz. Contém gorduras monoinsaturadas, poli-insaturadas e saturadas de 47%, 33% e 20%, respetivamente. A composição de vários ácidos gordos do óleo de farelo de arroz em bruto foi encontrada como ácido palmítico, ácido esteárico, ácido oleico, ácido linoleico, ácido linolénico, ácido araquídico e ácido beénico em 15%, 1,9%, e 42,5%, 39%, 1,1%, 0,5% e 0,2%, respetivamente. O óleo extraído foi misturado numa determinada proporção com gasóleo de petróleo. O combustível misturado deve possuir uma caraterística de desempenho melhorada ou equivalente à do gasóleo. No presente estudo, foi utilizada a transesterificação catalisada por bases (catalisador: KOH, NaOH) para preparar biodiesel a partir de óleo de farelo de arroz. Foi utilizado álcool metílico com 99,5% de pureza e densidade 0,791-0,792 kg/L. A lavagem do biodiesel assim produzido foi essencial para remover as impurezas e o catalisador residual, que podem ser prejudiciais para os motores de combustão. Na experiência, a transesterificação e a lavagem do biodiesel foram efectuadas de forma exaustiva. O processo de transesterificação foi utilizado para obter biodiesel a partir do óleo de farelo de arroz utilizando álcool e uma base. O álcool substitui os triglicéridos em glicerol e três ésteres de ácidos gordos do óleo de farelo de arroz na presença de um catalisador. Para a transesterificação, 1 litro de óleo de farelo de arroz foi aquecido a 65^0C num balão de fundo redondo. O catalisador (KOH/ NaOH-0,5% p/p de óleo) foi dissolvido em álcool metílico (270 ml), que foi vertido no balão de fundo redondo contendo o óleo de farelo de arroz aquecido, agitando continuamente a mistura. Dá-se a formação de glicerol, resultando na produção de éster etílico de farelo de arroz. O glicerol foi então cuidadosamente removido utilizando uma ampola de decantação e o éster metílico do óleo de farelo de arroz foi lavado com água destilada a 5%. Por este processo, foram obtidos 84% de RBME. As várias propriedades como o ponto de inflamação, o ponto de fogo, o valor calorífico, a viscosidade cinemática, a densidade e o número de cetano foram estudadas para o gasóleo e o éster metílico do óleo de farelo de arroz.

3.2.2 Etapas para a formação de biodiesel a partir de óleo de farelo de arroz em bruto

A transesterificação do óleo de farelo de arroz com metanol e NaOH ou KOH foi utilizada como catalisador.

1. Foram optimizadas diferentes proporções molares de óleo de farelo de arroz para metanol e % de catalisador (w/w óleo).
2. Colocaram-se 500 ml de amostra de óleo num copo e aqueceu-se a amostra de óleo até 55^0C. Adicionaram-se 135 ml de metanol a um balão diferente e 2,5 g de NaOH. O frasco foi tapado e agitou-se constantemente até à mistura adequada da

solução de metóxido num agitador magnético. Durante a agitação, o frasco cónico foi coberto com folha de alumínio durante todo o processo de reação e, para evitar a saponificação, não foi adicionada água, como se mostra na fig. 3.3

Fig 3.3: Transesterificação em agitador de água em banho quente

Fig 3.4: Reator de biodiesel

3. A Fig. 3.4 mostra um agitador elétrico que foi utilizado para a reação de uma solução de óxido de metilo e óleo a uma temperatura constante de 55^{0} C e a uma velocidade constante de 700 rpm durante uma hora.

4. Para a separação do biodiesel e do glicerol foi utilizado o separador de gravidade ilustrado na figura 3.5. O óleo obtido da reação foi vertido no separador de gravidade durante 24 horas. No funil de separação, procedeu-se à separação dos agentes gomosos e dos resíduos, formando assim duas camadas distintas. A camada inferior continha os resíduos juntamente com os agentes gomantes e a camada superior continha biodiesel isento de agentes gomantes.

5. A lavagem com água foi efectuada 3-4 vezes para remover a glicerina do biodiesel. Na lavagem com água, a água foi aquecida até 70^{0}C e depois adicionada ao biodiesel num

separador por gravidade.

Foi dado um intervalo de 24 horas entre as lavagens seguintes. A Fig. 3.6 mostra o biodiesel após a lavagem no separador por gravidade.

6. O biodiesel foi aquecido novamente a uma temperatura acima de 100^0C para remover qualquer conteúdo de água deixado após o processo de lavagem, mostrado na fig. 3.7.

7. O éster metílico do óleo de farelo de arroz assim produzido foi caracterizado para determinar a sua aptidão para ser utilizado como combustível em motores diesel.

Fig 3.5: biodiesel no funil de separação

Fig 3.6: Lavagem do bio-diesel até a camada inferior ficar cristalina

Fig 3.7: Aquecimento do biodiesel

3.3 Ensaio das propriedades do biodiesel

As propriedades físicas e químicas do combustível desempenham um papel crucial no funcionamento dos motores diesel, uma vez que afectam a formação de goma, os depósitos de carbono, a eficiência térmica dos travões, o funcionamento do sistema de injeção, a fluidez (viscosidade) do combustível afecta o estrangulamento dos bicos injetores, o sistema de ignição, etc.

Tendo em conta o que precede, tornou-se, por conseguinte, importante analisar e compreender os efeitos das propriedades físicas e químicas das misturas de combustíveis no funcionamento dos motores diesel.

As especificações dos combustíveis óleo de farelo de arroz, éster metílico de óleo de farelo de arroz e gasóleo mineral foram testadas em termos de propriedades, como a viscosidade cinemática a 4O°C (cSt), medida com um viscosímetro. O ponto de inflamação e o ponto de fogo foram medidos pelo aparelho de ponto de inflamação e fogo de Able e o valor calorífico foi determinado por um calorímetro de bomba digital. O ponto de nuvem e o ponto de fluidez foram medidos com o aparelho de ponto de nuvem e ponto de fluidez.

3.3.1 Ácidos gordos livres (FFA)

Uma vez que os AGL podem causar saponificação em vez de produção de biodiesel, é importante conhecer o teor de AGL num lote de óleo e foi necessário tomar medidas para reduzir o teor para obter sucesso no processo de transesterificação. O teor de AGL pode ser obtido através da utilização de uma titulação.

3.3.1.1 Cálculo do teor de ácidos gordos livres no óleo de farelo de arroz

Procedimento:

1. Formação de uma solução O.1N de KOH

   i. Tomou-se 5Oml de água destilada.

   ii. Adicionou-se 2,8O582gm de KOH.

   iii. Foram adicionados 45Oml de água à solução acima formada para formar um sol

de O.1N de

KOH.

2. Titulação

   i. Encher a bureta com uma solução 0. IN de KOH.

   ii. Colocam-se 10 ml de etanol num erlenmeyer separado e adicionam-se 3 gotas de fenilfenoptileno, que funciona como indicador.

   iii. O fluxo da solução 0,1N de KOH através da bureta foi interrompido num erlenmeyer contendo etanol e a mistura indicadora até a cor da solução ficar rosa. Isto significa que o etanol foi neutralizado.

   iv. Foi adicionado 1,5 g de amostra de óleo de farelo de arroz para neutralizar o etanol.

   v. Repetiu-se novamente o processo de titulação. As leituras inicial e final foram registadas na bureta.

Composição normal da solução=0,1N

Leitura da bureta = 1ml

Tamanho da amostra = 1,5 g

Razão molar = 28,2

FFA= 1,86%

Assim, a percentagem de AGL era inferior a 2, pelo que se procedeu à transesterificação de base.

3.3.2 Cálculo do rendimento do óleo

Óleo de farelo de arroz cru utilizado = 500ml

Biodiesel obtido após transesterificação = 496 ml (sem lavagem)

Rendimento = 99,2 % (sem lavagem)

Biodiesel obtido após lavagem com água=456 ml

Rendimento = 92%

3.3.3 Viscosidade do biodiesel

A viscosidade é uma medida da resistência ao fluxo de um líquido devido à fricção interna entre o líquido e a superfície, afecta a fluidez do combustível que, por sua vez, afecta o bombeamento do combustível e o sistema de injeção. Quanto maior for a viscosidade, maior é a tendência do combustível para causar esse problema. A viscosidade do óleo transesterificado, ou seja, do biodiesel, é cerca de uma ordem de grandeza inferior à do óleo de origem. A Fig. 3.8 mostra o aparelho de teste de viscosidade utilizado no laboratório.

Limites e método: a viscosidade cinemática é medida de acordo com a norma ASTM D-445, sendo limitada a 1,9-6,0 mm^2s^{-1}.

$$FFA\% = \frac{28.1 \times 0.1 \times 1}{1.5}$$

3.3.3.1 Cálculo da viscosidade cinemática do éster metílico do óleo de farelo de arroz

A fórmula matemática e o procedimento utilizados para o cálculo da viscosidade cinemática do éster metílico do óleo de farelo de arroz são discutidos a seguir:

Procedimento

i. Peso da garrafa vazia de gravidade específica m_1 = 23,62gm
ii. Peso da garrafa de gravidade específica com água m_2 = 48,48gm.
iii. Peso da garrafa de gravidade específica com óleo m_3 = 44,55gm.
iv. Agora, a amostra de óleo foi colocada no viscosímetro. Anotou-se o tempo t_1 que o óleo demorou a passar pelo bolbo do viscosímetro.
v. A amostra de água foi introduzida no viscosímetro. O tempo t_2 que a água demora a passar pelo bolbo do viscosímetro foi anotado cuidadosamente.

Fig 3.8: Aparelho de ensaio de viscosidade

$$d_1 = \frac{m_3 - m_1}{m_2 - m_1}$$

$$\frac{44.55 - 23.65}{48.48 - 23.65} = 0.8417$$

$$\eta_1 = \frac{\eta_1 d_1 t_1}{d_2 t_2}$$

$$\eta_1 = \frac{12.61 \times 10^{-1} \times 0.8801 \times 161}{0.996232 \times 61}$$

$$\eta_1 - 2.94\ mm^2s^{-1}.$$

3.3.4 Propriedades do fluxo a baixa temperatura

3.3.4.1 Ponto de nuvem

O ponto de turvação (CP) é a temperatura a que uma amostra do combustível começa a parecer turva, indicando que se começaram a formar cristais de cera que podem entupir os tubos de combustível e os filtros do sistema de combustível de um motor.

Limites e métodos: O CP é medido de acordo com as normas ASTM D-6751 e ASTM D-2500, utilizando o aparelho CP. Os limites não são indicados devido à variação das condições climatéricas nos diferentes países.

3.3.4.2 Ponto de escoamento

O ponto de fluidez (PP) é definido como a temperatura à qual o combustível deixa de fluir. A cessação do fluxo resulta de um aumento da viscosidade ou da cristalização da cera do óleo. O aparelho utilizado para medir o ponto de turvação e o ponto de fluidez é apresentado na Fig. 3.9.

Limites e métodos: O ft é medido de acordo com as normas ASTM D-6751 e ASTM D-97, utilizando o aparelho PP. Na determinação do PP, a amostra é arrefecida num tubo de vidro nas condições prescritas e inspeccionada a intervalos de 3^0C até deixar de se mover quando a superfície é mantida verticalmente durante 65 segundos; o PP foi então considerado 3^0C acima da temperatura de cessação do fluxo.

3.3.4.3 Cálculo do ponto de turvação e do ponto de escoamento com o aparelho de ponto de escoamento de ponto de turvação

Procedimento

i. O aparelho de ponto nuvem foi enchido com cubos de gelo.
ii. Colocaram-se quatro tubos com diferentes amostras de óleos entre cubos de gelo completamente cheios no aparelho.

iii. O gasóleo, o RBOME com NaOH, o KOH e o RBO foram colocados em tubos. A dimensão da amostra observada foi de 33 ml.

iv. As amostras foram controladas com um intervalo de 20 minutos.

v. Foram observados cristais de cera em diferentes amostras a diferentes temperaturas, como indicado abaixo.

Fig 3.9: Aparelho de ponto de nuvem e ponto de fluidez

3.3.5 Ponto de inflamação e ponto de fogo

É a temperatura mais baixa a que um combustível liberta vapores suficientes que, quando misturados com o ar, se inflamam durante um curto período de tempo. Para limitar o nível de álcool não reagido que permanece no combustível acabado, foi utilizado o ponto de inflamação para o biodiesel, que também é importante para as precauções de segurança envolvidas no manuseamento e armazenamento do combustível.

Limites e métodos: O ponto de inflamação é medido de acordo com a norma ASTM D-93 e os limites variam entre 93^0C e 130^0C se o metanol não for medido diretamente.

3.3.5.1 Cálculo do ponto de inflamação e do ponto de inflamação utilizando um aparelho de ponto de inflamação e ponto de inflamação

A Fig. 3.10 mostra o aparelho de ponto de inflamação e ponto de inflamação de Able utilizado para calcular o ponto de inflamação e o ponto de inflamação do biodiesel.

i. A dimensão da amostra foi utilizada no processo 73ml.
ii. Foi utilizado óleo de rícino em vez de água porque o óleo de rícino tem um ponto de ebulição mais elevado para efeitos de aquecimento.
iii. O fulgor dos vapores foi verificado a intervalos regulares.
iv. A 186^0C observou-se uma libertação de vapores.
    a. Ponto de inflamação = 186^0C
    b. Ponto de inflamação = 192^0C

Fig. 3.10: Aparelho de ponto de inflamação e ponto de inflamação de Able

3.3.6 Poder calorífico

O calor de combustão ou o poder calorífico de um combustível é uma medida importante, uma vez que é o calor produzido pelo combustível no interior do motor que permite a este último efetuar o trabalho útil. O calor bruto de combustão das amostras de combustível foi determinado com a ajuda de um calorímetro isotérmico de bomba, fabricado pela Wisdom Scientific Works. Uma amostra de combustível de 1 ml foi queimada na bomba do calorímetro na presença de oxigénio puro. A amostra foi inflamada eletricamente. À medida que o calor era produzido, o aumento da temperatura era medido. O equivalente de água (capacidade calorífica efectiva do calorímetro) foi também determinado utilizando ácido benzoico puro e seco como combustível de ensaio. Cada amostra foi repetida três vezes.

3.3.6.1 Cálculo do equivalente de água

i. Foram recolhidos 0,990 g de paletes de ácido benzoico.
ii. Foi utilizada uma máquina formadora de cápsulas.
iii. A cápsula foi colocada num cadinho.
iv. Foi utilizado fio de nicrómio para completar o circuito. Este foi ligado em ranhuras em ambas as extremidades
v. O fio foi colado no centro do arame e uma extremidade do fio foi ligado ao cadinho.
vi. O oxigénio medicinal foi introduzido na bomba a 200 psi com muito cuidado.
vii. A bomba foi recolhida cuidadosamente e colocada no recipiente do aparelho de calorimetria de bombas, que foi enchido com 2000 ml de água destilada.
viii. Foi utilizado um agitador para uniformizar a temperatura da água.
ix. Todas as ligações dos fios foram efectuadas.
x. O termopar estava ligado.
xi. Após 7 minutos, o zero foi ajustado no registador e o botão de disparo foi

acionado.

xii. O aumento da temperatura foi registado durante os 22 minutos seguintes ao incêndio.

xiii. 2,60^{0}Cé o aumento da temperatura.

Ei = Peso do fio de nicrómio = 2,8 mg

E_2 = fio de algodão = 0,07gm

H = poder calorífico do ácido benzoico = 6319cal/g

Equivalente de água (W) = 455cal/C^0

O equivalente de água derivado acima foi utilizado para a amostra de gasóleo. O mesmo processo foi repetido para o gasóleo em vez do ácido benzoico. Ao repetir todo o processo para o óleo que substitui o ácido benzoico, o cadinho foi enchido com gasóleo.

O aumento da temperatura do gasóleo foi de 2,38^0 C.

$$\mathrm{H} = \frac{(weight\ of\ water\ (ml) + W) \times temp^0c}{weight\ of\ sample(g)} - (E_1 + E_2)$$

$$6319\mathrm{cal/g} = \frac{(2000\ (\mathrm{ml}) + \mathrm{W}) \times 2.60^0\mathrm{C}}{0.990(\mathrm{g})} - (2.8\mathrm{mg}\ +\ 70\mathrm{mg})$$

3.3.6.2 Poder calorífico do gasóleo

Foi utilizado um calorímetro de bomba digital para medir o poder calorífico do gasóleo, como mostra a figura 3.11.

Peso da amostra de gasóleo = 0,50gm

E_1 = Peso do fio de nicrómio = 2,8mg

E2 = fio de algodão = 0,07gm

H = poder calorífico do gasóleo.

$$H = \frac{(\text{weight of water (ml)} + W) \times \text{temp}^0\text{c}}{\text{weight of sample(g)}} - (E_1 + E_2)$$

$$H = \frac{(2000\ (\text{ml}) + 455) \times 2.38^0\text{C}}{0.50(\text{g})} - (2.8\text{mg} + 70\text{mg})$$

H = 48mjoule

W = equivalente de água calculado acima = 455cal/c^0

Fig 3.11: Calorímetro de bomba digital

3.3.6.3 Poder calorífico da amostra de biodiesel (catalisador NaOH)

Peso da amostra de biodiesel = 0,50gm

Ei = Peso do fio de nicrómio = 2,8 mg

E2 = Fio de algodão = 0,07gm

H = poder calorífico do biodiesel.

W = equivalente de água calculado acima = 455cal/c^0

$$H = \frac{(\text{weight of water (ml)} + W) \times \text{temp}^0\text{c}}{\text{weight of sample(g)}} - (E_1 + E_2)$$

Todas as propriedades físico-químicas do combustível de ensaio testado em laboratório estão resumidas na tabela 3.1.

Quadro 3.1 Propriedades físico-químicas do combustível de ensaio

Property	Test procedures	Diesel	Rice bran oil	RBOME (NaOH)	RBOME (KOH)
Specific gravity @ 30^0	ASTM D395	0.839	0.92	0.83	0.83
Kinematic Viscosity @ 40^0C (cSt)	ASTM D445	3.18	43.52	2.94	2.22
Cloud Point (^{0}C)	ASTM D2500	6	12	7	4
Pour Point (^{0}C)	ASTM D97	-7	7	2	-1
Flash Point (^{0}C)	ASTM D93	68	316	186	192
Fire Point (^{0}C)	ASTM G72	103	337	192	198
Calorific Value (MJ/kg)	ASTM D240	42.6	39.5	40.8	40

3.4 Preparação de biogás a partir de resíduos orgânicos

Um processo biológico que ocorre na ausência de oxigénio e na presença de organismos anaeróbios a temperaturas (35-70°C) e à pressão atmosférica é designado por digestão e o recipiente em que este processo ocorre é conhecido por digestor. O tratamento de qualquer chorume ou lama que contenha uma grande quantidade de matéria orgânica, utilizando bactérias e outros organismos em condições anaeróbias, é normalmente designado por digestão anaeróbia ou digestão. A unidade de biogás é um recipiente hermético que facilita a fermentação de matéria orgânica em condições anaeróbias. O processo de digestão anaeróbia, como o nome indica, funciona sem oxigénio molecular. Idealmente, numa unidade de biogás não deve haver oxigénio no digestor. A remoção do oxigénio do digestor é importante por duas razões principais. Em primeiro lugar, a presença de oxigénio leva à criação de água e não de metano. Em segundo lugar, o oxigénio é um contaminante do biogás e também um risco potencial para a segurança. Devido à presença de oxigénio, o poder calorífico do biogás torna-se baixo. A produção diária de biogás também pode ser aumentada através da adição de bactérias produtoras de hidrogénio à lama de alimentação do digestor. Outros nomes para este dispositivo são "Digestor de biogás", "Reator de biogás", "Gerador de metano" e "Reator de metano". A BGP funciona também como uma mini-fábrica de biofertilizantes, pelo que é também designada por "unidade de fertilização a biogás" ou "unidade de bioestrume". Como ilustrado na figura 3.12, a digestão anaeróbia consiste nas três fases seguintes. As três fases são (i) a hidrólise enzimática, (ii) a formação de ácido e (iii) a formação de metano.

3.4.1 Primeira fase - Hidrólise enzimática

É uma reação química em que ocorre a decomposição da água para formar catiões H+ e aniões OH-. A hidrólise é frequentemente utilizada para decompor polímeros maiores, geralmente na presença de um catalisador ácido.

3.4.2 Segunda fase - Acidogénese

Nesta fase, os produtos da fase anterior são transformados por bactérias acidogénicas em ácidos gordos de cadeia curta (por exemplo, ácido acético, ácido propiónico, ácido butírico, ácido valérico) e álcool. Durante esta fase são também produzidos ácido acético, hidrogénio e dióxido de carbono, que actuam como produtos iniciais para a formação de metano.

3.4.3 Terceira fase - Acetogénese

Durante esta fase, os ácidos orgânicos e os álcoois são divididos por bactérias bacetogénicas em ácido acético e os compostos de origem para a produção de biogás, que são o hidrogénio e o dióxido de carbono.

3.4.4 Quarta fase - Metanogénese

Neste processo, os produtos das últimas fases são transformados por microrganismos metanogénicos (archaea) em metano e dióxido de carbono. O produto final obtido é um gás combustível chamado biogás. Existem duas formas de utilização do ácido acético e do dióxido de carbono, os dois principais produtos das três primeiras fases da digestão anaeróbia, para a produção de metano na metanogénese:

$$CO_2 + 4\ H_2 \rightarrow CH_4 + 2H_2O$$

$$CH_3COOH \rightarrow CH_4 + CO_2$$

Embora o CO2 possa ser convertido em metano e água através da reação, o principal mecanismo para criar metano na metanogénese é a via que envolve o ácido acético. Esta via cria metano e CO_2, os dois principais produtos da digestão anaeróbia.

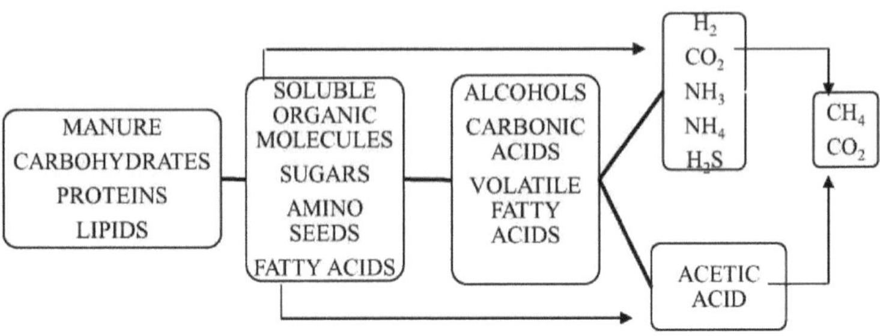

Fig. 3.12: Representação típica da conversão anaeróbia de substratos complexos em biogás

Neste estudo, o biogás foi produzido a partir de estrume de vaca e de resíduos orgânicos de cozinha num digestor de tipo cúpula fixa. A capacidade de produção de biogás de $6m^3$ (modelo Deenbandu) foi instalada no Laboratório de Investigação de Biocombustíveis da AIET Faridkot, Índia. O diagrama esquemático da central de biogás modelo Deenbandhu é apresentado na fig. 3.13. A unidade de biogás Deenbandhu foi originalmente desenvolvida e patenteada pela Universidade de Agricultura de Punjab, Ludhiana (Índia), em 1984. Trata-se de um modelo melhorado de cúpula fixa, cuja construção foi efectuada por meio de cofragem. Devido à estrutura em concha, a espessura foi consideravelmente reduzida. Toda a instalação foi construída com tijolos e argamassa de cimento. O digestor, a câmara de armazenamento de gás e o espaço vazio acima do chorume foram todos colocados na concha esférica. Como não havia espaço de deslocamento no lado da entrada, todo o chorume deslocado para fora da câmara de armazenamento de gás era armazenado na câmara de deslocamento de saída. A entrada tinha a forma de um tubo, que liga o digestor ao tanque de mistura de lamas. O tempo de retenção hidráulica para esta conceção foi de 40 dias no verão e de 50 dias no inverno.

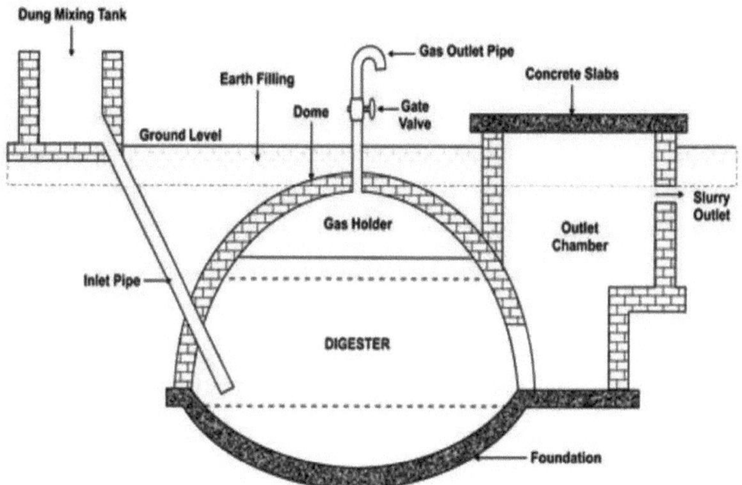

Fig. 3.13: Diagrama esquemático da usina de biogás modelo Deenbandhu

A produção de biogás foi influenciada por muitos factores, dos quais a temperatura do processo do digestor anaeróbio e da subcamada foi o mais importante. A fermentação anaeróbia de estrume de vaca cru pode ter lugar a qualquer temperatura entre 8°C e 55°C. Dependendo da temperatura do meio de reação, certos grupos de microrganismos são estimulados, enquanto outros são inibidos (as bactérias mesófilas requerem uma temperatura óptima de cerca de 35oC, e as bactérias termofílicas requerem uma temperatura óptima de cerca de 55°C), induzindo vários graus de biodegradabilidade do material orgânico, sendo o máximo atingido a 55oC, influenciando a quantidade e a qualidade da produção de biogás. Mas 35oC foi considerada óptima. A 8oC a taxa de formação de biogás era muito lenta. A variação de temperatura não deve ser superior a 2 a 3oC para a digestão anaeróbia. As bactérias metanogênicas funcionam melhor na faixa de temperatura de 35°C e 38°C. A produção de biogás é mais rápida durante o verão e diminui a uma temperatura mais baixa durante o inverno.

Para além da temperatura, a influência qualitativa e quantitativa sobre a produção de biogás foi determinada pelo teor de matéria orgânica biodegradável da matéria-prima sujeita à ação dos microrganismos, pela relação C/N, pelo pH da subcamada, etc. O tempo de retenção hidráulica para este projeto é de 40 dias no verão e de 50 dias no inverno, dependendo muito do substrato e dos componentes da instalação (por exemplo, tanque de armazenamento coberto). O objetivo era obter o máximo rendimento de gás ou a digestão completa da matéria orgânica. A taxa de carga foi mantida óptima. A subcarga e a sobrecarga do digestor reduzem a produção de biogás. O carregamento da ração foi efectuado todos os dias ao mesmo tempo, de modo a manter constante o rácio de concentração de sólidos no digestor. Foi mantido um valor de pH entre 6,8 e 7,8 para uma melhor fermentação e produção normal de gás. Era difícil para as bactérias sobreviverem acima de 8,5 pH. Os nutrientes importantes requeridos pelas bactérias no digestor são N_2, P, S, C, H_2 e O_2 para acelerar a taxa de digestão anaeróbia. Para uma digestão anaeróbia acelerada, os principais nutrientes foram fornecidos na forma química e nas concentrações corretas. O carbono dos hidratos de carbono fornece a energia e o azoto das proteínas é necessário para a construção do crescimento das bactérias. As bactérias responsáveis pelo processo anaeróbio necessitam de ambos os elementos, azoto e carbono, tendo sido mantida uma relação específica de carbono para azoto (relação C/N) entre 25:1 e 30:1, dependendo da matéria-prima utilizada. O rácio de 30:1 é considerado ótimo. O teor de água era de cerca de 90% do peso do conteúdo total.

A matéria-prima utilizada na presente experiência foi o lixo orgânico da cozinha, com estrume de vaca na proporção de 50%:50% numa base de massa. As quantidades medidas de resíduos orgânicos de cozinha (5 kg/dia) e de estrume de vaca foram recolhidas e misturadas com água na proporção de 1:1 e 1:1 para alimentar o digestor. O digestor foi capaz de produzir biogás após o tempo de retenção hidráulica de 40 a 50 dias, durante o período de digestão a temperatura ambiente foi de 35 a 40^0 C. No inverno, a produção de biogás diminui devido à baixa temperatura ambiente. O gás produzido no digestor pode alimentar o gerador a gasóleo para funcionar em modo de combustível duplo. A Fig. 3.14 ilustra um diagrama da instalação de biogás. O digestor de biogás do tipo cúpula fixa com uma capacidade de produção de biogás de $6m^3$ foi instalado no Laboratório de Investigação de Biocombustíveis da AIET Faridkot, Índia, como mostra a fig. 3.15.

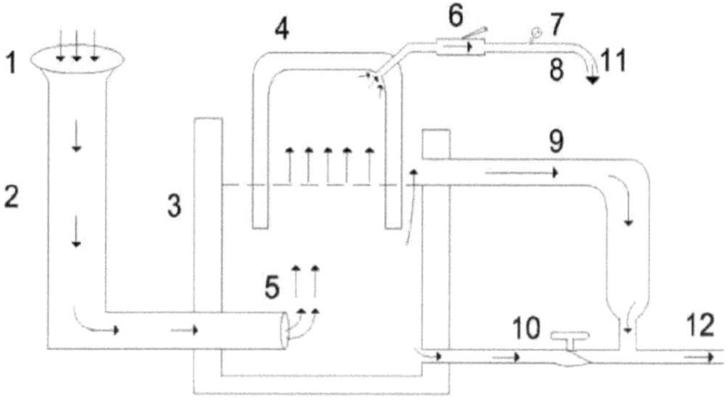

1. Feeding Funnel
2. Feed Pipe
3. Digester Wall
4. Biogas Holder
5. Digester
6. Regulator
7. Pressure Gauge
8. Hose Pipe
9. Slurry Drainage
10. Bal Valve
11. Biogas to Engine
12. Slurry to Sump

Fig. 3.14: Esquema da instalação de biogás

A composição geral do biogás é composta por metano, dióxido de carbono, hidrogénio, azoto, vapor de água e vestígios de sulfureto de hidrogénio, conforme indicado no quadro 3.2

Quadro 3.2 Composição do biogás

Components	Amount %
Methane	50-70
Carbon dioxide	30-40
Hydrogen	5-10
Nitrogen	1-2
Water Vapors	0.3
Hydrogen Sulphide	Traces

Fig 3.15: Digestor de biogás de cúpula fixa

3.5 Configuração da experiência

Um motor diesel simples foi convertido num motor diesel bicombustível através da ligação de um misturador de gás no seu coletor de entrada. Além disso, foi instalado um mecanismo de controlo do combustível para limitar a alimentação de combustível líquido. A potência de saída do motor foi normalmente controlada através da variação do caudal da quantidade de biogás. Para o presente estudo, utilizou-se um motor diesel a quatro tempos, monocilíndrico, arrefecido a ar. Foi utilizado um analisador de cinco gases para medir a concentração de emissões gasosas, tais como hidrocarbonetos não queimados, monóxido de carbono, dióxido de carbono, nível de oxigénio e relação ar/combustível. Os testes de desempenho e de emissões foram efectuados no gerador diesel utilizando biogás e várias misturas de butanol-diesel-biodiesel como combustíveis. A experiência foi efectuada num grupo motor-gerador a diesel a uma velocidade constante de 1500 rpm. O gerador a gasóleo funcionou em marcha lenta durante um certo período de tempo para atingir o estado estacionário. O ensaio do gerador a diesel foi realizado variando a carga eléctrica através da alteração da carga resistiva no banco de cargas eléctricas.

Os testes experimentais do gerador a gasóleo foram realizados em termos de caraterísticas de desempenho e emissões do modo a gasóleo e do modo bicombustível a diferentes cargas eléctricas. Todas as experiências foram realizadas a uma velocidade constante do gerador a gasóleo de 1500 rpm. Além disso, o tempo de consumo de combustível pelo motor foi também registado para calcular o consumo específico de combustível em várias condições de carga. O volume de biogás também variou numa vasta gama em função das diferentes condições de carga. Foi utilizada outra experiência com um caudal ótimo de biogás e misturas variáveis de diesel e biodiesel como combustíveis. Foram calculados e investigados a eficiência térmica do travão, o consumo específico de combustível do travão, a potência do travão, o consumo de energia do travão, a energia térmica do travão e várias emissões.

Um banco de cargas é um dispositivo que desenvolve uma carga eléctrica, aplica a carga a uma fonte de energia eléctrica e converte ou dissipa a potência resultante da fonte. Um banco de carga resistivo, o tipo mais comum, fornece uma carga equivalente tanto para geradores como para motores primários. Ou seja, por cada quilowatt (ou cavalo-vapor) de carga aplicada ao gerador pelo banco de carga, uma quantidade igual de carga foi aplicada ao motor principal pelo gerador. Um banco de carga resistivo, portanto, retirava energia de todo o sistema: banco de carga do gerador-gerador do motor primário-motor primário do combustível. Foi retirada energia adicional como consequência do funcionamento do banco de carga resistivo: calor residual do líquido de arrefecimento, perdas no escape e no gerador e energia consumida por dispositivos acessórios. Um banco de carga resistivo tem impacto em todos os aspectos de um sistema de produção. O banco de carga resistiva de cinco kW foi utilizado na presente configuração experimental. Um medidor de fluxo de biogás é utilizado para calcular o fluxo de biogás e fornece a leitura direta do volume de biogás em $m^{(3)}$)/hr. O fluxograma e o diagrama esquemático da instalação experimental do motor são apresentados nas fig. 3.16 e 3.18, respetivamente.

Nas presentes investigações, foi utilizado um motor diesel de injeção direta, monocilíndrico, a quatro tempos, de aspiração natural, com uma potência nominal de 5 kW a 1500 rpm. Todos os ensaios foram realizados com uma pressão normal de injeção de combustível de 210 bar e uma regulação estática da injeção de 26^{0}BTDC. Todas as experiências foram efectuadas depois de o motor atingir a temperatura do líquido de arrefecimento de 70^{0}C em estado estacionário e a uma velocidade constante de 1500 rpm em modo de duplo combustível e de combustível único. As especificações pormenorizadas do motor de ensaio e as propriedades do combustível estão resumidas no quadro 3.3 e no quadro 3.4, respetivamente.

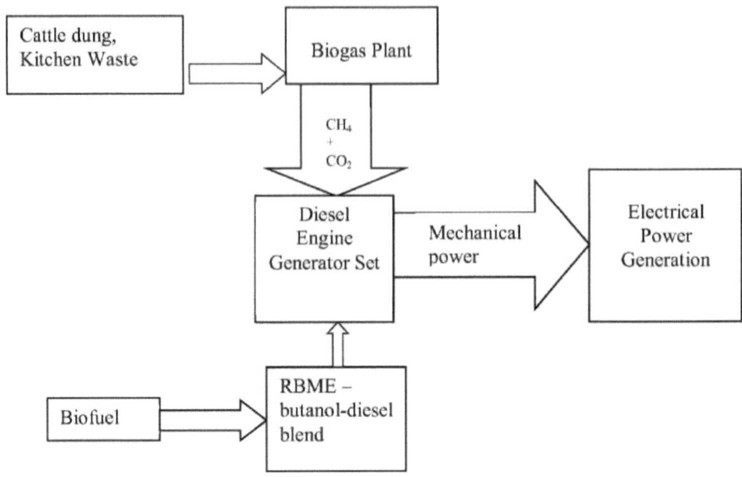

Fig. 3.16: Fluxograma da montagem experimental

Quadro 3.3: Especificações técnicas do motor de ensaio

Engine parameter	Specification
Engine model	FCD Ltd.
Number of cylinders	1
Cylinder bore/stroke	102/110 mm
Displacement volume	898.84 cc
Compression ratio	17.5 : 1
Maximum power	6 kW
Rated speed	1500 rpm
Fuel injection pressure	210 bars
Fuel injection system	Direct injection
Cooling system	Forced air cooled

Tabela 3.4: Propriedades dos combustíveis

Properties	Diesel	Biogas
Density	833	0.96
LHV	42.6	26.61
Octane number	-	130
Cetane number	52 - 55	-
Stoichiometric A/F ratio	14.2	8.993

O gás recolhido na cúpula foi fornecido ao coletor de admissão do motor através de um medidor de fluxo de biogás. O caudal de biogás para o motor em cada condição de funcionamento foi medido com um medidor de caudal de biogás (marca: itron, modelo: GALLUS 2015), fixado antes do coletor de admissão. O medidor de caudal de biogás indicava o caudal volumétrico de biogás no cilindro do motor. Foi instalado um pequeno venturi no coletor de admissão, para assegurar a mistura homogénea do biogás e do ar antes da alimentação do motor.

O motor diesel foi inicialmente ensaiado com gasóleo para obter dados de base. Durante as experiências, o motor foi ensaiado com 1, 2, 3, 4 e 5 cargas (em kW). Foram registados os vários parâmetros, como o caudal de ar, a potência de travagem, o consumo de combustível e a energia térmica. As emissões de gases de escape CO, CO_2 e HC (hidrocarbonetos não queimados) também foram medidas.

3.5.1 Medição das emissões de gases de escape

As emissões de gases de escape de CO, CO_2 e HC (hidrocarbonetos não queimados) foram também medidas por um analisador de cinco gases (AVL Digas 444N). As emissões de HC, CO e CO_2 foram medidas com base no princípio NDIR (infravermelhos não dispersivos). As emissões de HC foram medidas em ppm (partes por milhão), e as de CO e CO_2, O_2 foram medidas em percentagem de volume. A opacidade dos fumos do escape do motor foi medida com um medidor de fumos diesel (AVL 437C). Este medidor de fumos, conforme indicado na figura 3.17, funciona segundo o princípio do medidor de fumos Hartridge e mede a opacidade dos fumos do motor.

Fig. 3.17: Analisador de emissões para automóveis

3.5.1.1 Procedimento experimental

i. Numa determinada condição de carga, os sensores foram inseridos na saída prevista para a libertação dos gases de escape para o ambiente.

ii. Os gases de escape passam através destes sensores para o respetivo analisador que lhes foi acoplado.

iii. Após a introdução no analisador, as leituras foram apresentadas no ecrã digital. iv. Após 2-3 minutos, quando os valores estabilizaram, foram anotadas 3 leituras. v. O valor médio das três leituras foi avaliado.

vi. Os sensores foram retirados para que os valores nos analisadores se estabilizassem novamente no valor zero.

O procedimento acima foi repetido para diferentes condições de combustível e de carga, respetivamente.

Fig. 3.18: Esquema da instalação experimental

Legenda: 1. Motor. 2. Dínamo. 3. Banco de cargas resistivas. 4. Painel de controlo elétrico. 5. Depósito de sobretensão de ar. 6. Medidor de caudal de biogás. 7. Tacómetro digital. 8. Termopar de temperatura dos gases de escape. 9. Analisador de gases de escape AVL. 10. Sonda. 11. Bureta de medição do combustível. 12. Manómetro de tubo em U

3.6 Análise da incerteza

Todas as medições estão sujeitas a alguns erros e incertezas, independentemente do cuidado que se tenha. Os erros nas experiências podem resultar da seleção do instrumento, da observação, do estado, do ambiente, da calibração, da leitura e do planeamento do ensaio. É necessária uma análise da incerteza para determinar a exatidão das experiências. O quadro 3.5 apresenta pormenores sobre os instrumentos e a sua gama, exatidão e incertezas percentuais.

Tabela 3.5: Análise de incerteza

Measured quality	Measuring range	Resolution	Accuracy
CO	0-15% vol	0.01% vol	0-10%
CO_2	0-20% vol	0.01% vol	0-16%
HC	0-30000 ppm vol	≤2000: 1 ppm vol, >2000: 10 ppm vol	0-4000ppm 3% 4001-10000 ppm 5% 10001-30000 ppm 10%
O_2	0-25% vol	0.01% vol	0.02-1%
Engine speed	400-6000 min^{-1}	1 min^{-1}	± 1%
Oil temperature	0-125 ^0C	1 ^0C	± 4^0C
Lambda	0-9.999	0.001	Calculation of CO, CO_2, HC, O_2

3.7 Quota de energia do biogás

No funcionamento com dois combustíveis, a quota de energia do combustível gasoso primário é um parâmetro importante para analisar a combustão pobre pré-misturada. A quota de energia do biogás é quantificada pela seguinte equação. A quota de energia do biogás no modo de funcionamento bicombustível é a relação entre a energia do combustível gasoso e a soma da energia libertada pelo gás e pelo líquido piloto.

$$\text{Biogas energy share} = \frac{\text{Energy equivalent of biogas}}{\text{Energy equivalent of (diesel + biogas)}} \times 100$$

$$\text{Energy equivalent of diesel} = \frac{m_{diesel} \times CV_{diesel}}{3600}$$

$$\text{Energy equivalent of biogas} = \frac{m_{biogas} \times CV_{biogas}}{3600}$$

em que, e em que, $m_{gasóleo}$ e $m_{biogás}$ são os caudais mássicos do gasóleo e do biogás, CV é o poder calorífico do combustível utilizado.

3.8 Modelação ANN

As redes neuronais artificiais (RNA) são sistemas de processamento de dados inspirados no sistema neuronal biológico e são utilizadas para resolver uma grande variedade de problemas em engenharia e ciência. Um modelo de RNA bem conhecido foi utilizado como modelo de previsão para aplicações específicas. No presente estudo, foi obtido um modelo de RNA a partir dos estudos experimentais efectuados. Foi criado um modelo de rede neural artificial de um gerador de motor diesel de combustão interna que utiliza misturas de biodiesel de farelo de arroz éster metílico e butanol com gasóleo e biogás para prever as caraterísticas de desempenho e as emissões de escape do motor. As RNA têm a capacidade de reaprender a melhorar o seu desempenho se estiverem disponíveis novos dados. Um modelo ANN pode acomodar múltiplas variáveis de entrada para prever múltiplas variáveis de saída. O número de neurónios necessários para o estudo foi selecionado através do método de tentativa e erro. O desempenho da RNA é diretamente afetado por variáveis como os neurónios na camada oculta e o número de camadas ocultas. Neste estudo, os parâmetros de entrada fornecidos foram a carga e o tipo de mistura de combustível utilizada. Vários parâmetros como o consumo específico de combustível no travão (BSFC), a eficiência térmica de travagem (BTE), a potência de travagem (BP), o consumo específico de energia de travagem (BSEC). Foram investigadas as emissões de escape, como hidrocarbonetos (HC), monóxido de carbono (CO) e dióxido de carbono (CO2). O treino foi efectuado utilizando um algoritmo conhecido como Trainlm (algoritmo de Levenberg Marquardt) e a previsão dos parâmetros foi feita utilizando o método de retropropagação. A modelação ANN foi aplicada para prever o desempenho e as caraterísticas de emissão. Para as caraterísticas de desempenho e de emissão, o EMA (erro relativo médio) deve estar dentro de 5% e 8%, respetivamente, o que se verificou estar dentro dos limites aceitáveis. O aumento do EMA e a diminuição da % de exatidão podem ser atribuídos ao erro cometido durante a medição dos diferentes parâmetros de emissão. Tentou-se criar a configuração que produziu os melhores coeficientes de correlação através da formação de diferentes configurações de RNA. A estrutura da RNA utilizada no estudo é apresentada na figura 3.19.

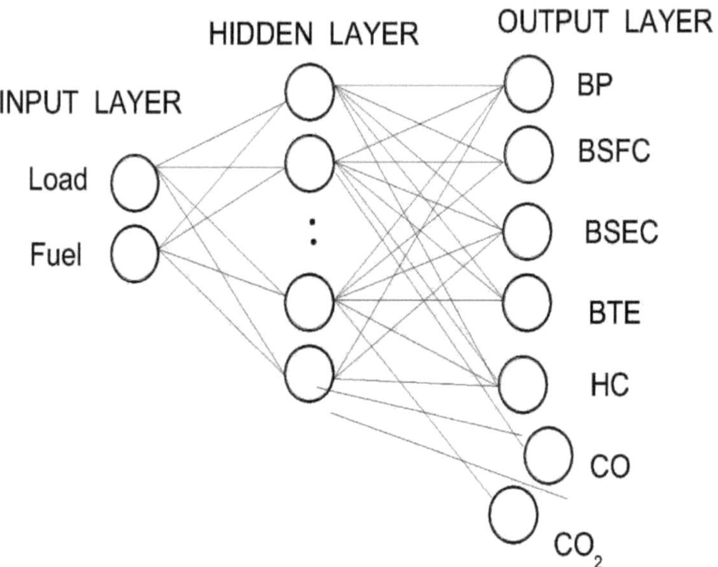

Fig 3.19: Arquitetura do modelo NN

Síntese do procedimento de ensino de algoritmos para redes de perceção multicamadas:

i. Em primeiro lugar, foi definida a estrutura da rede. Na rede, as funções de ativação são escolhidas e os parâmetros da rede, pesos e enviesamentos, são inicializados.

ii. Foram definidos os parâmetros associados ao algoritmo de treino, como o objetivo de erro, o número máximo de épocas (iterações), etc.

iii. O algoritmo de treino foi ativado.

iv. Após a determinação da rede neural, esta foi comparada com as saídas medidas. Neste estudo, os modelos baseados em RNA foram desenvolvidos no ambiente MATLAB2012a utilizando a caixa de ferramentas de redes neurais. O algoritmo de retropropagação (BP), Levenberg-Marquardt Back propagation (TRAINLM), foi utilizado para

a estrutura da RNA. Uma vez que a função de treino mais rápida é geralmente o TRAINLM, e é a função de treino predefinida para a rede feed forward. A validação final foi efectuada com dados independentes.

Para melhorar a modelação, foram avaliadas e treinadas várias arquitecturas utilizando os dados experimentais. O algoritmo de retropropagação foi utilizado no treinamento de todos os modelos de RNA. Este algoritmo utilizou a técnica de treino supervisionado, em que os pesos e as polarizações da rede foram inicializados aleatoriamente no início da fase de treino. O processo de minimização do erro é conseguido através da regra de descida do gradiente. Foram utilizados dois parâmetros de entrada e sete parâmetros de saída no teste experimental. As duas variáveis de entrada foram a carga e o tipo de combustível. As sete saídas para avaliar o desempenho do motor estão indicadas na fig. 3.20. A camada de entrada era constituída por dois neurónios e a camada de saída por sete neurónios.

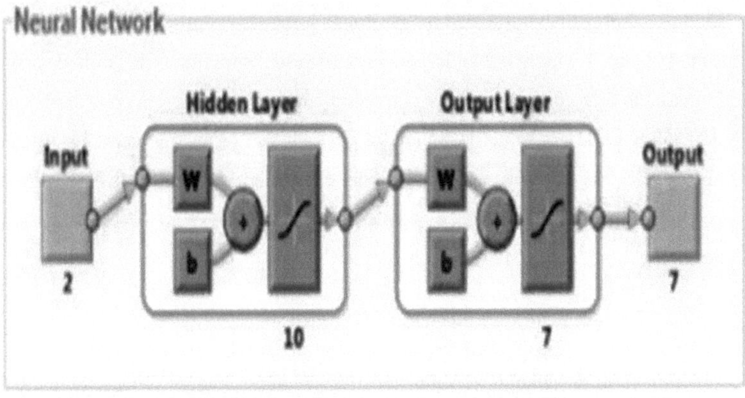

Fig 3.20: Modelo de rede neural obtido a partir do treinamento da NN

CAPÍTULO 4

RESULTADOS E DEBATES

4. Generalidades

Neste capítulo, são estudadas e discutidas as caraterísticas de desempenho e de emissões de um gerador a gasóleo que utiliza biogás como combustível primário e uma mistura de biodiesel e gasóleo como combustível piloto, em modo de funcionamento a dois combustíveis, em diferentes condições de ensaio do motor.

4.1 Caraterísticas de desempenho do gerador a gasóleo utilizando misturas de biodiesel

Os testes de desempenho e de emissões foram realizados no gerador a gasóleo de modo bicombustível utilizando biogás como combustível primário a vários caudais de 0,48 kg/hr, 1,2 kg/hr e 2 kg/hr e misturas de ésteres metílicos de farelo de arroz e butanol em diferentes proporções como combustível piloto foram comparados com o gasóleo. O desempenho do motor foi avaliado em termos de carga eléctrica ou potência de saída de energia, consumo específico de combustível do travão, consumo específico de energia do travão e eficiência térmica do travão. As emissões do motor foram analisadas em termos de HC, CO e CO2.

4.1.1 Efeito na produção de energia eléctrica

A potência de travagem é definida como a potência obtida no volante do motor e é medida em kW com a ajuda de um alternador (CA) acoplado ao gerador do motor. A potência de travagem é a potência de saída de um motor diesel. É medida em kW ou HP.

A experiência foi realizada com diferentes cargas eléctricas (potência energética) em vazio, 20%, 40%, 60%, 80% e 100% de carga, ou seja, 0kW, 1kW, 2kW, 3kW, 4kW e 5kW, respetivamente. A carga eléctrica de tipo resistivo foi fornecida à saída do alternador. As leituras dos voltímetros e amperímetros instalados no painel de controlo foram feitas e a potência de travagem foi calculada pelas fórmulas seguintes.

$$\text{Brake Power output} = \frac{V \times I}{\eta g \times 1000} KW$$

Em que V é a leitura do voltímetro medida em Volts

I é a leitura do amperímetro medida em Amp.

y_g é o rendimento do alternador na conversão da energia mecânica em energia eléctrica e é considerado como 0,88 aproximadamente para efeitos de cálculo.

A potência de travagem (PB) em função da carga eléctrica ou da potência eléctrica de saída obtida durante o funcionamento de um motor bicombustível em que o combustível primário era o biogás e as misturas de ésteres metílicos de farelo de arroz e de butanol em diferentes proporções com o gasóleo foram utilizadas como combustível piloto a diferentes caudais de biogás e comparadas com o gasóleo é apresentada na figura 4.1.

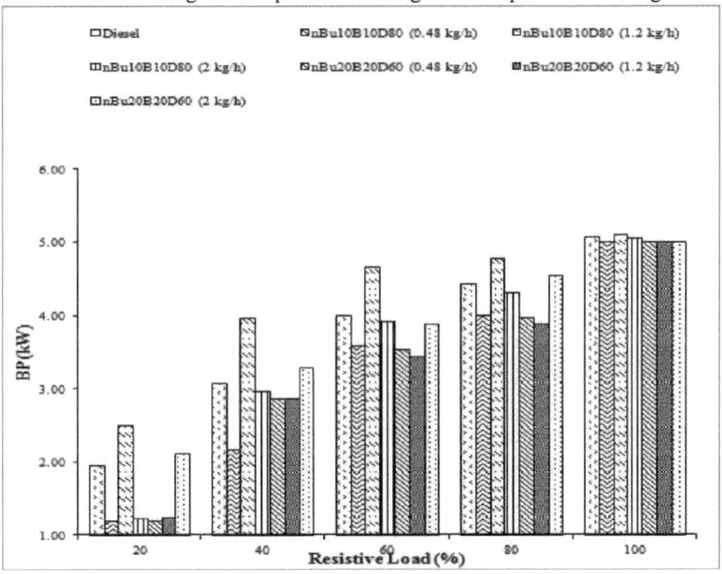

Fig 4.1: Variação da energia eléctrica gerada (BP) com a alteração da carga

A potência de travagem do motor aumenta com o aumento da carga no motor. A potência de travagem é função do poder calorífico e do binário aplicado. A potência de travagem do nBu10B10D80 a 1,2 kg/hr de caudal de biogás em todas as condições de carga é superior à do motor diesel

e outras misturas de biodiesel a diferentes caudais. À carga máxima, observou-se que a potência de travagem de todos os combustíveis era praticamente a mesma. Como se mostra na fig. 4.1, o combustível duplo nBul0B10D80 apresentou maior produção de energia eléctrica do que o combustível duplo nBu20B20D60 em todos os caudais de biogás.

4.1.2 Efeito no consumo específico de combustível ao travão

O consumo específico de combustível ao travão, o parâmetro mais utilizado para comparar o desempenho dos geradores a gasóleo em , é definido como a quantidade de combustível consumida por cada unidade de potência ao travão desenvolvida por hora e é uma indicação clara da eficiência com que o motor desenvolve a potência a partir do combustível. O ft é estimado a partir da potência de saída ao travão do grupo gerador e do caudal mássico equivalente dos combustíveis.

$$BSFC=\frac{Mf}{BHP}$$

Em que BSFC é o consumo específico de combustível de rutura em kg/kWh

Λf/ é a massa do fluxo de combustível em kg/hora

BHP é a potência de rutura em kW

O BSFC bruto é uma medida da eficiência com que o combustível fornecido ao motor é utilizado para produzir potência. Para uma velocidade constante, a tendência geral é que, a 80% do funcionamento a plena carga, o consumo específico de combustível diminua a 80% da carga e, para além dessa carga, diminua a eficiência mecânica e aumentem as perdas inexplicáveis. O consumo específico bruto de combustível no travão em função da carga obtido durante o funcionamento do motor em que o combustível primário era o biogás a vários caudais e em que se utilizaram misturas de nBu10, nBu20 com biodiesel de farelo de arroz como combustível-piloto em comparação com o gasóleo é apresentado na figura 4.2.

O BSFC bruto no caso do gasóleo foi inferior ao do modo bicombustível em todas as cargas de resistência. Todas as misturas apresentaram um valor elevado de bsfc à carga mais baixa, mas com o aumento da carga observou-se uma diminuição do valor de bsfc de cada mistura. nBu10B10D80 a 0,48 kg/hr de caudal de biogás em todos os valores de carga apresentou um bsfc mínimo e valores mais próximos do

gasóleo

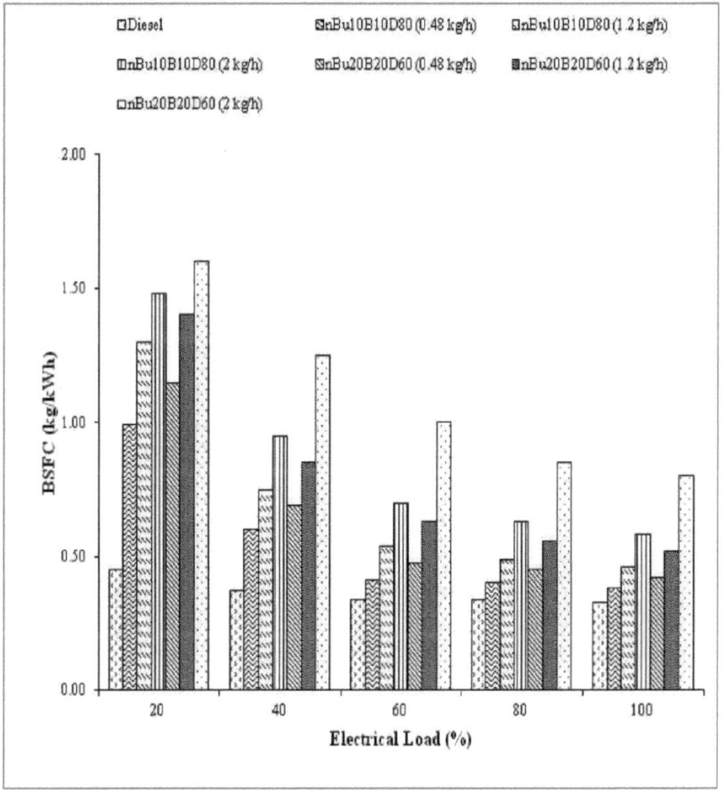

Fig. 4.2: Variações do consumo específico bruto de combustível no freio com a variação da carga

.4.1.3 Efeito no consumo específico de energia do travão

O BSEC fornece um valor mais fiável quando dois combustíveis diferentes, com valores de aquecimento e densidades diferentes, são introduzidos no motor. O consumo bruto de energia específica do travão em função da carga obtida durante o funcionamento de um motor bicombustível em que o combustível primário era o biogás e em que se utilizaram misturas de nBulO, nBu20 com biodiesel de farelo de arroz como combustível-piloto, em comparação com o gasóleo, é apresentado na figura 4.3.

A BSEC bruta é definida como a energia do combustível líquido necessária para cada unidade de potência de travagem. O nBu20B20D60 (2 kg/h) apresenta uma BSEC mais elevada em comparação com o gasóleo e outras misturas de biodiesel a vários caudais. A baixas cargas, a razão para a BSEC mais elevada do combustível duplo deveu-se à má utilização do combustível gasoso e à temperatura mais baixa da carga dentro da câmara de combustão. A BSEC bruta com duplo combustível aumenta com o aumento do caudal de biogás de cargas baixas para cargas intermédias. Este facto foi atribuído principalmente à temperatura de carga mais elevada do cilindro, que conduz à melhoria da utilização do combustível gasoso.

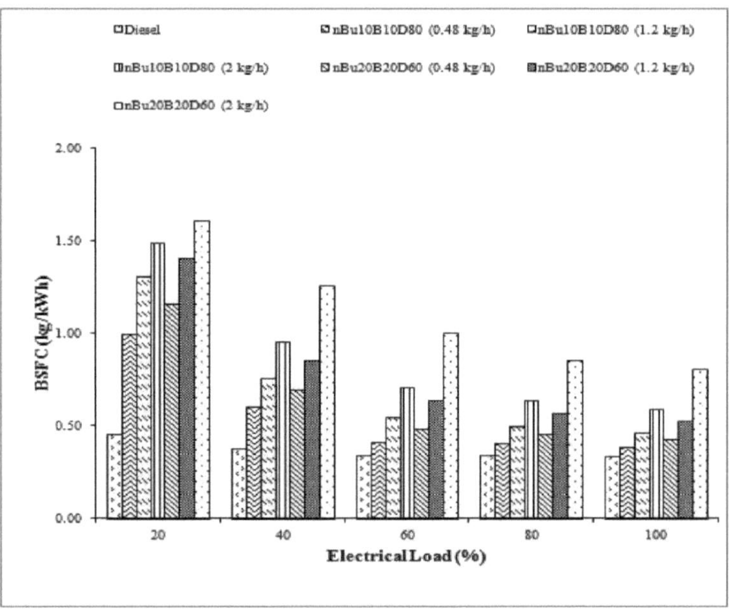

Fig. 4.3: Variação do consumo bruto de energia específica do travão com a variação da carga

4.1.4 Efeito na eficiência térmica do travão

A eficiência térmica é a medida da eficiência e da plenitude da combustão do combustível ou, mais precisamente, a relação entre o trabalho efectuado pela substância de trabalho e a entrada de calor ou energia térmica fornecida pelo combustível durante o mesmo tempo. Se todo o calor introduzido fosse convertido em calor produzido, a eficiência seria de 100 %, o que não é possível em condições reais devido às perdas de calor. Por conseguinte, a eficiência térmica do travão é utilizada para comparação, sendo definida como o rácio entre a potência de travagem e a entrada de calor e é normalmente utilizada como parâmetro de desempenho para comparar o desempenho dos motores diesel. A eficiência térmica do travão está assim diretamente relacionada com a potência de travagem do gerador diesel e varia inversamente com o poder calorífico e o fluxo de massa equivalente.

$$BTE = \frac{BHP \; X \; 3600}{Mf \; X \; CV} \; X \; 100$$

Em que BTE é a eficiência térmica do travão

BHP é a potência de travagem em kW

Mf é a massa do caudal de combustível em KG/h

CV é o poder calorífico

O consumo específico bruto de energia na travagem em função da carga, obtido durante o funcionamento de um motor bicombustível em que o combustível primário é o biogás e as misturas de nBu10, nBu20 com biodiesel de farelo de arroz utilizado como combustível-piloto, em comparação com o gasóleo, é apresentado na figura 4.4.

Em todos os casos de combustíveis duplos em que o combustível piloto era o biodiesel, a eficiência térmica do travão aumenta com o aumento da carga. Este facto foi atribuído à redução da perda de calor e ao aumento da potência com o aumento da carga. Observa-se também que o gasóleo apresenta uma eficiência térmica ligeiramente mais elevada em todas as cargas do que o éster metílico do óleo de farelo de arroz e as suas misturas. Factores como valores de aquecimento mais baixos e maior viscosidade do éster podem afetar o processo de formação da mistura e, por conseguinte, resultar numa combustão lenta, reduzindo assim a eficiência térmica da travagem. As moléculas do biodiesel (ou seja, o éster metílico do óleo) contêm uma certa quantidade de oxigénio, que participa no processo de combustão. O gasóleo tem um poder calorífico superior ao do biogás, pelo que a sua eficiência térmica de travagem é superior à do biocombustível. O nBu10B10D80 com um caudal de biogás de 0,48 kg/h em todas as cargas apresenta um BTE mais próximo dos valores do gasóleo.

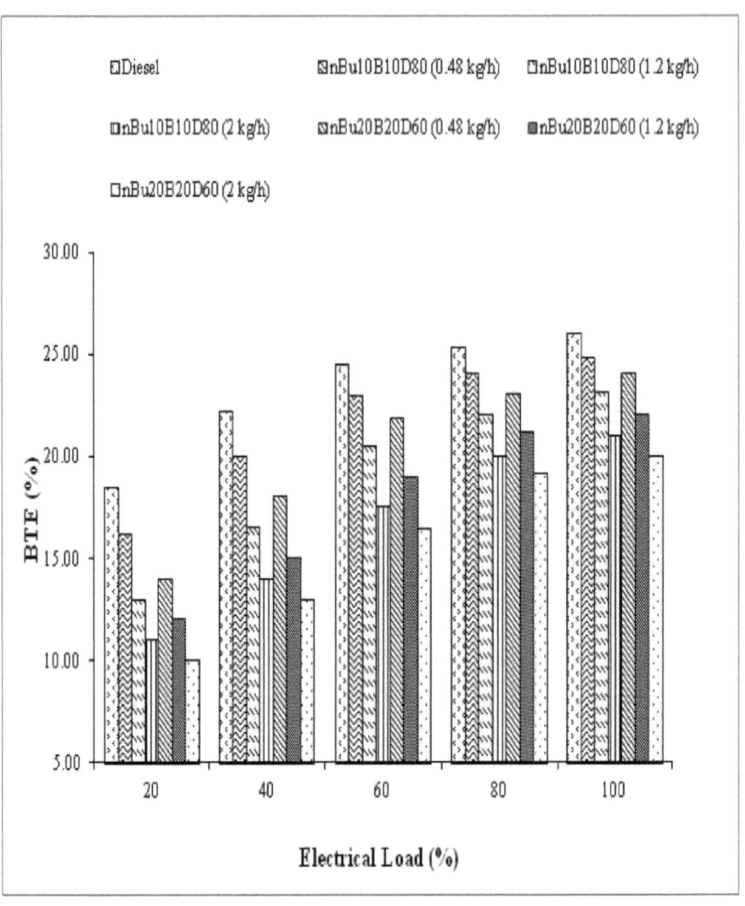

Fig. 4.4: Variação da eficiência térmica do travão com a alteração da carga

4.2. Caraterísticas das emissões do gerador a gasóleo com misturas de biodiesel

As caraterísticas das emissões são os parâmetros mais críticos do gerador a gasóleo, que se verificou ser o principal contribuinte para o aquecimento global e a poluição ambiental, cuja gravidade pode ser compreendida pelas doenças causadas, como mostra a tabela 4.1.

Quadro 4.1 Doenças causadas pelas emissões de gases de escape dos motores

Sr. No.	Constituent	Disease
1	Carbon Monoxide (CO)	Heart/ Blood circulatory problems
2	Hydrocarbons (HC)	Lung disease
3	Nitrogen Oxides (NO_x)	Asthma/ Bronchitis
4	Lead (Pb)	Blood cancer
5	Suspended particulate matter (PM)	Asthma/ Bronchitis

. Por conseguinte, o objetivo do trabalho de investigação é procurar combustíveis biodegradáveis alternativos e ecológicos para cumprir os rigorosos regulamentos de controlo das emissões e salvar o ambiente e o ser humano dos efeitos graves da poluição. Os parâmetros de emissão, nomeadamente o monóxido de carbono, o óxido de azoto e o azoto, serão medidos à saída dos gases de escape dos motores diesel.

A seguinte equação química e de combustão ajuda a compreender as emissões de gases de escape.

$$CH_4 + O_2 = CO_2 + H_2O + O_2 + CO + HC + NOx + SO_X$$

4.2.1 Efeito nas emissões de hidrocarbonetos

O efeito das emissões de hidrocarbonetos em relação à carga eléctrica para diferentes combustíveis testados obtidos durante o funcionamento de um motor de combustível duplo em que o combustível primário é o biogás e as misturas de nBulO, nBu20 com biodiesel de farelo de arroz utilizado como combustível piloto foram comparadas com o gasóleo foi mostrado na fig. 4.5.

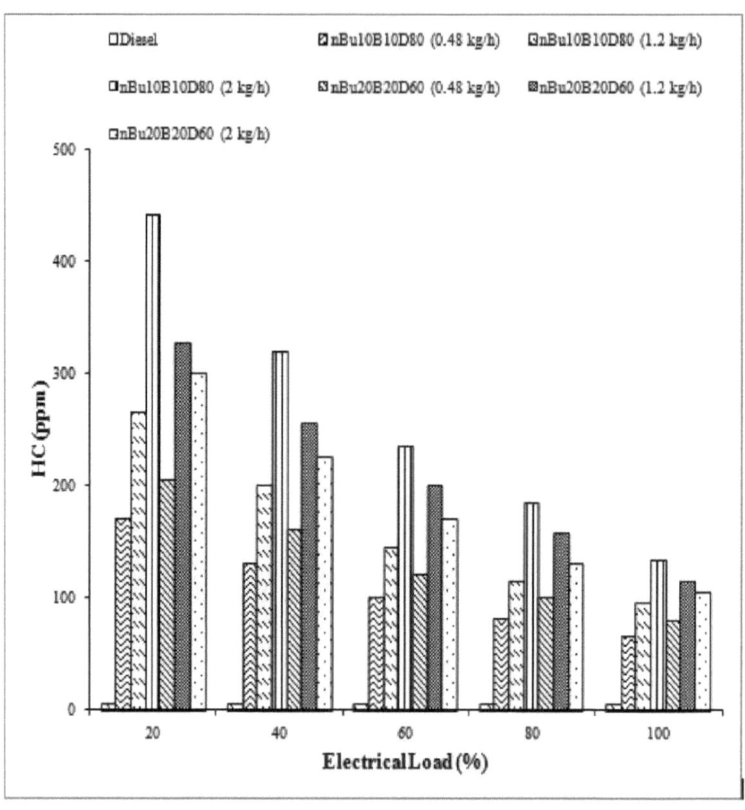

Fig. 4.5: Variações de HC com alteração da carga

A figura 4.5 mostra que os hidrocarbonetos não queimados no modo duplo são mais elevados do que no modo diesel. Esta maior emissão de HC deve-se à combustão incompleta do combustível. A indução de biogás através do coletor de admissão reduz o volume de ar induzido; por conseguinte, a combustão tem lugar com menos oxigénio, o que resulta em maiores emissões de HC. Observou-se que o nBul0B10D80 a 0,48 kg/hr de caudal de biogás apresenta a menor quantidade de hidrocarbonetos não queimados em comparação com outras misturas de combustível.

1.1.2 Efeito nas emissões de monóxido de carbono

O efeito das emissões de monóxido de carbono em relação à carga eléctrica para os diferentes combustíveis testados obtidos durante o funcionamento do motor de combustível duplo em que o combustível primário é o biogás e as misturas de nBu10, nBu20 com biodiesel de farelo de arroz utilizado como combustível piloto foram comparadas com o gasóleo foi mostrado na fig. 4.6.

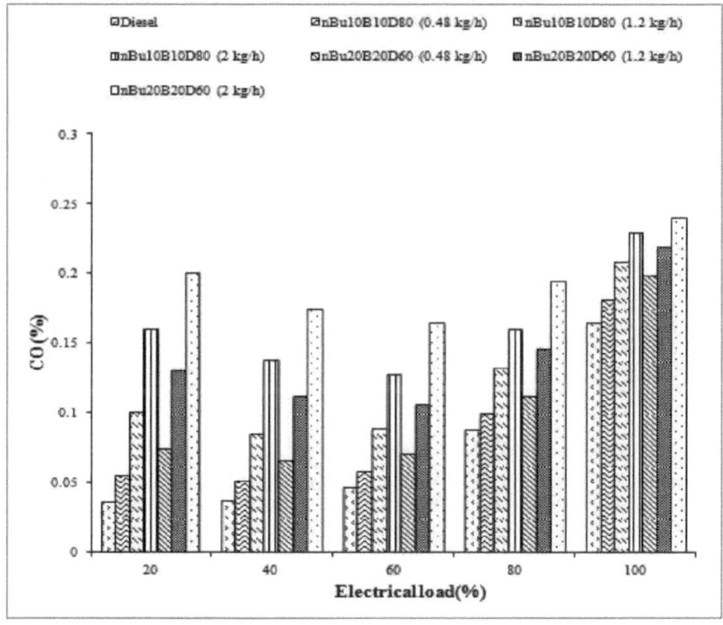

Fig. 4.6: Variações do CO com a alteração da carga

Óxido de carbono (CO), a concentração em percentagem de escape do total de combustível injetado equivale a combustível parcialmente queimado. Implica que a combustão é incompleta, pelo que se forma CO nos cilindros e indica excesso de combustível. Por conseguinte, um teor excessivo de CO reflecte uma mistura demasiado rica de combustível e ar. Teoricamente, o CO deveria ter-se transformado em CO2, mas em condições reais isso não acontece, pois não tem tempo nem oxigénio suficiente para se transformar em CO_2 real e, em vez disso, esgota-se como CO. Mas devemos lembrar-nos que o CO é um gás inodoro altamente venenoso.

O monóxido de carbono (CO) nos motores diesel forma-se durante as fases intermédias da combustão. A má formação da mistura de combustível gasoso e líquido pode também ser outra razão para as emissões de CO mais elevadas. A Fig. 4.6 mostra que, a uma carga mais baixa, as emissões de CO do gasóleo são inferiores às do modo duplo. Nas condições de carga máxima, o biocombustível nBul0B10D80 com um caudal de biogás de 0,48 kg/hora tem as emissões de CO mais baixas do que as outras misturas de biocombustível.

1.1.3 Efeito nas emissões de dióxido de carbono

O efeito das emissões de dióxido de carbono em relação à carga eléctrica para os diferentes combustíveis testados obtidos durante o funcionamento do motor de combustível duplo em que o combustível primário é o biogás e as misturas de nBu10, nBu20 com biodiesel de farelo de arroz utilizado como combustível piloto foram comparadas com o gasóleo foi mostrado na fig. 4.7. A figura mostra que as emissões de CO_2 do gasóleo são menores em todas as cargas do que as do combustível duplo. Entre as misturas de biocombustível, nBu20B20D80 a 0,48 kg/hora de caudal de biogás tem menos CO_2 do que as outras misturas de biocombustível. A emissão de CO_2 é uma indicação da combustão completa do combustível na câmara de combustão com a presença de excesso de oxigénio.

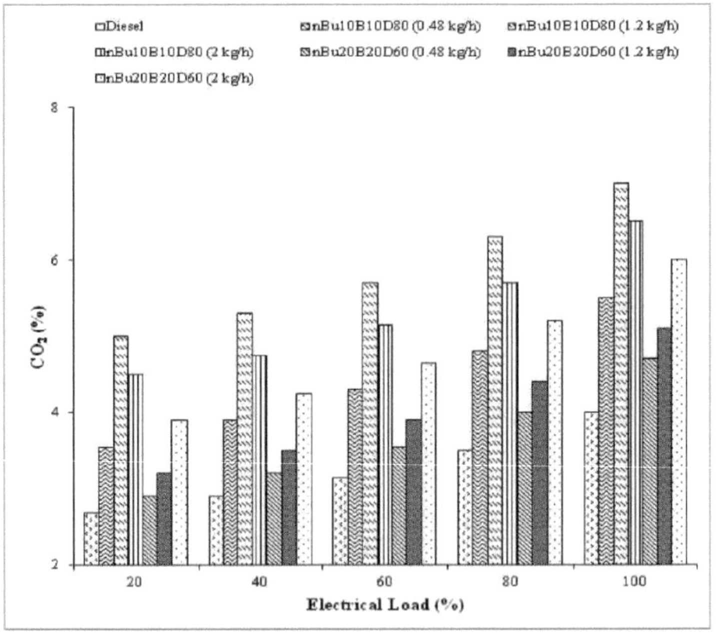

Fig 4.7: Variações de CO2 com a alteração da carga

4.3 Caraterísticas de desempenho do gerador a gasóleo com diferentes caudais de biogás

Esta secção ilustra os resultados das caraterísticas de desempenho e emissão do motor diesel alimentado com biogás e diesel puro foram testados sob diferentes condições de carga. As taxas de fluxo de biogás foram fixadas em três níveis diferentes (1,2 kg/h, 2,2 kg/h, 3,2 kg/h) enquanto o fornecimento de combustível piloto foi regulado para manter a potência desejada do motor.

4.3.1 Efeito na potência de travagem (BP)

A figura da potência de travagem (BP) em função da carga obtida durante o funcionamento do motor bicombustível em que o combustível primário é o biogás a diferentes caudais em comparação com o combustível piloto diesel é apresentada na figura 4.8.

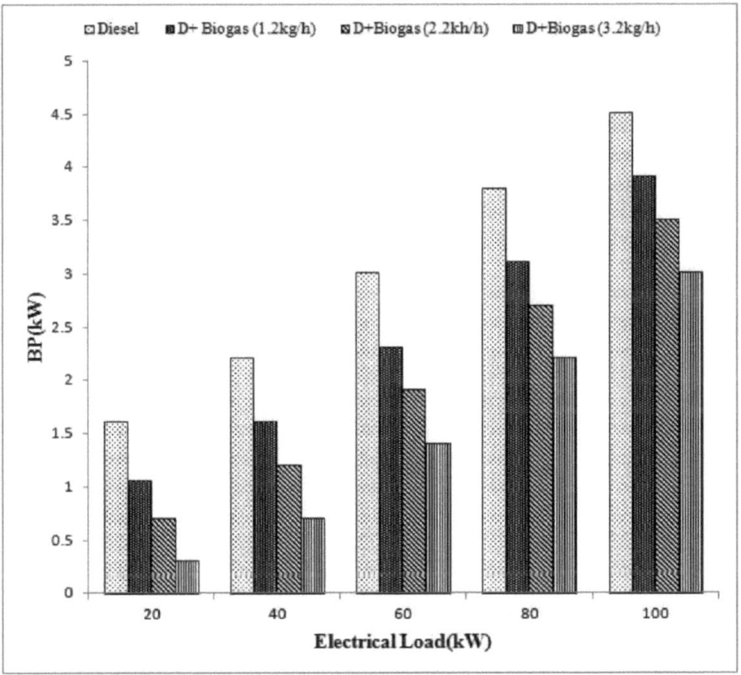

Fig. 4.8: Variações da potência de travagem com a alteração da carga

A potência de travagem do motor aumenta com o aumento da carga no motor. A potência de travagem é função do poder calorífico e do binário aplicado. O gasóleo tem um poder calorífico mais elevado do que o biodiesel e o biogás, pelo que o gasóleo tem a potência de travagem mais elevada entre as diferentes misturas de duplo combustível. O modo bicombustível com um caudal de 3,2 kg/hora tem uma potência de travagem mais elevada do que os outros dois caudais de biogás.

4.3.2 . Efeito no consumo específico bruto de combustível

O BSFC bruto é uma medida da eficiência com que o combustível fornecido ao motor é utilizado para produzir potência. A Fig. 4.9 mostra o consumo específico bruto de combustível no freio em função da carga obtida durante o funcionamento de um motor bicombustível em que o combustível primário é o biogás a diferentes caudais, em comparação com o combustível piloto gasóleo. No modo de combustível único e no modo de combustível duplo, o BSFC diminui com o aumento da carga. Pode ver-se na figura 4.9 que, no caso do modo de duplo combustível, os valores BSFC foram determinados como sendo mais elevados do que os do modo de combustível único, ou seja, o gasóleo.

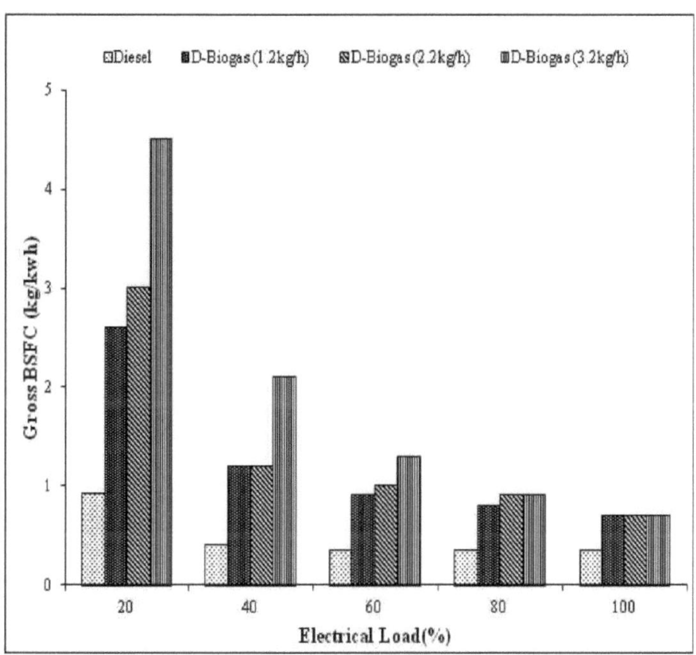

Fig. 4.9: Variações do consumo específico bruto de combustível ao travão com a variação da carga

O BSFC para um combustível diesel convencional foi menor do que o modo de biogás-diesel de combustível duplo em baixas cargas do motor. Como mostra a figura 4, o BSFC em condições de baixa carga foi maior no modo de operação de combustível duplo biogás-diesel (4,6 kg/kWh) quando comparado ao combustível fóssil convencional petro-diesel (0,97 kg/kWh). Os valores BSFC do modo de combustível duplo aumentaram ainda mais com o aumento da taxa de fluxo de biogás. Isto pode ser atribuído principalmente à baixa temperatura de combustão e à formação de mistura pobre no cilindro do motor, o que leva a uma menor conversão da mistura gasosa de combustível e ar em trabalho. A cargas mais elevadas do motor, os valores BSFC são ligeiramente superiores aos do gasóleo convencional. No entanto, a cargas mais elevadas, a temperatura mais elevada da chama de combustão melhora a utilização da mistura de ar e combustível gasoso, resultando numa melhor eficiência de combustão. Os valores BSFC a plena carga sob a taxa máxima de fluxo de biogás foram (1,38 kg/kWh) em comparação com o diesel (0,35 kg/kWh). Isso também pode ser devido à maior área de pulverização coberta pela injeção piloto de combustível na câmara de combustão e, portanto, causa a utilização efetiva da oxidação do combustível gasoso

4.3.3 . Efeito no consumo bruto de energia específica dos travões

O BSEC é o rácio entre a energia química total do combustível consumido e a potência do motor. A Fig. 4.10 ilustra a variação da BSEC com as cargas do motor. Observou-se a partir da fig. 5 que a BSEC bruta do gasóleo é inferior à do biogás com diferentes caudais, em todas as cargas do motor. A 20% de carga, o valor BSEC com caudal de biogás de 3,2 kg/h é (85 MJ/kWh) em comparação com o gasóleo convencional (39,2 MJ/kWh). A baixas cargas, a razão para a maior BSEC do combustível duplo é devido à má utilização do combustível gasoso e à menor temperatura de carga dentro da câmara de combustão.

O BSEC bruto com duplo combustível aumenta com o aumento do caudal de biogás de cargas baixas para cargas intermédias. Este facto é atribuído principalmente à temperatura mais elevada da carga do cilindro, que conduz a uma melhor utilização do combustível gasoso. Por outro lado, a diferença bruta de BSEC entre o modo de funcionamento simples e o modo de funcionamento com duplo combustível foi reduzida a cargas mais elevadas. A plena carga, o valor BSEC com um caudal máximo de biogás de 3,2 kg/h foi de (26 MJ/kWh) em comparação com o gasóleo convencional (15,1 MJ/kWh).

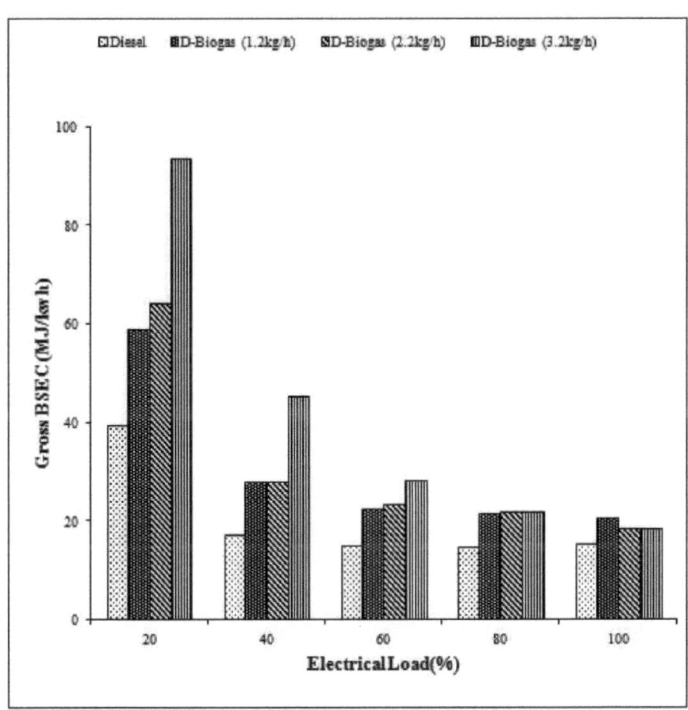

Fig. 4.10: Variações do consumo bruto de energia específica do travão com a variação da carga

4.3.4 Efeito na eficiência térmica do travão

Este parâmetro é mais adequado do que o consumo de combustível para avaliar o desempenho de diferentes caudais de biogás em modo de duplo combustível. Como a eficiência térmica é normalizada com o valor de aquecimento do combustível, ela depende muito da maneira como a energia é convertida. O BTE é a representação da qualidade da combustão do motor. Significa o rácio entre o trabalho realizado pelo motor e a energia química do combustível utilizado. A Fig. 4.11 ilustra a variação do BTE com várias cargas do motor para os combustíveis de ensaio.

Em todos os casos, a eficiência térmica do travão aumenta com o aumento da carga. Este facto pode ser atribuído à redução da perda de calor e ao aumento da potência com o aumento da carga. O biogás tem um poder calorífico inferior ao do gasóleo. Assim, a eficiência térmica do modo bicombustível é inferior à do gasóleo. Para um caudal inferior de biogás, a eficiência térmica da travagem é superior à de um caudal superior.

Observou-se que o BTE em diferentes caudais do modo de funcionamento bicombustível biogás-diesel era inferior ao do gasóleo convencional em todas as cargas do motor. O BTE mais baixo do modo de combustível duplo deveu-se à má utilização do combustível gasoso. A 20% de carga, o BTE do modo de combustível duplo biogás-diesel foi de (4,5%) quando comparado com o gasóleo normal (12,4%) ao caudal de biogás de 3,2 kg/h.

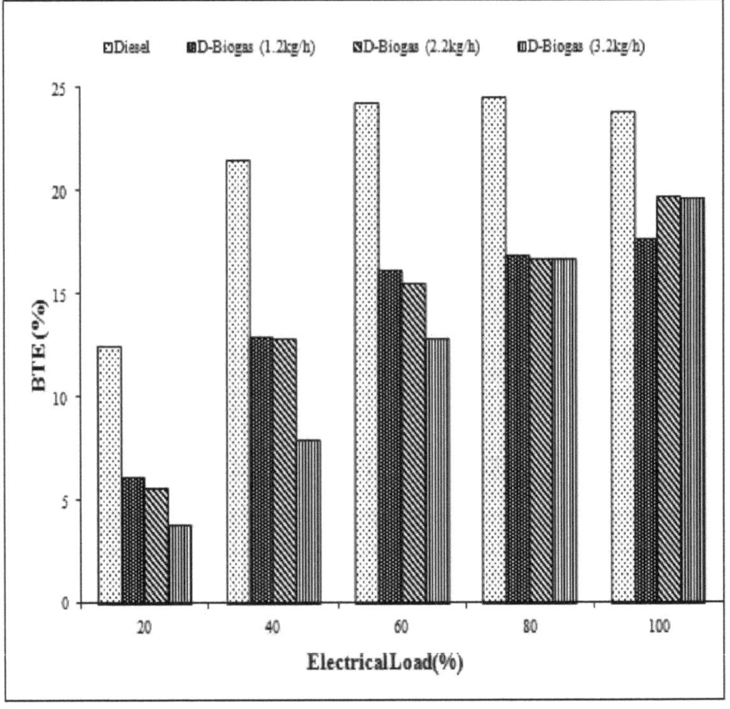

Fig. 4.11: Variações da eficiência térmica do travão com a alteração da carga

A má utilização do combustível gasoso deveu-se a uma mistura combustível-ar muito pobre, que mantém a temperatura da câmara de combustão baixa. O maior atraso na ignição e a baixa temperatura de combustão perto do ponto de injeção de combustível resultam numa propagação mais lenta da chama. Este facto pode ser explicado pela presença de resíduos de biogás, pelo maior consumo de combustível e pela baixa temperatura da câmara de combustão. A cargas mais elevadas, com o aumento da temperatura de combustão, a eficiência térmica melhora no modo bicombustível, mas continua a ser inferior à do gasóleo. A plena carga, o BTE do modo bicombustível com um caudal de biogás de 3,2 kg/h foi de (19,6%) quando comparado com o gasóleo (23,8%).

4.4 Análise das emissões do gerador a gasóleo com diferentes caudais de biogás

4.4.1 Efeito nas emissões de HC

Os níveis de hidrocarbonetos não queimados no tubo de escape mostram que a quantidade de combustível não participa na combustão e permanece não queimada. A variação dos hidrocarbonetos em função da carga para diferentes caudais de biogás em combustível duplo em comparação com o gasóleo é apresentada na figura 4.12.

O motor alimentado a biogás regista emissões de HC mais elevadas do que o motor alimentado a gasóleo em todo o espetro de carga. Isto pode dever-se à indução do biogás através do coletor de admissão, que reduz o volume do ar induzido e forma uma zona de mistura rica em combustível, aumentando a combustão parcial com menos oxigénio.

A Fig. 4.12 mostra que os hidrocarbonetos não queimados no modo dual são mais elevados do que no modo diesel. Isto deve-se ao facto de o gasóleo ser mais pobre do que a mistura biogás-biodiesel. Esta maior emissão de HC deve-se à combustão incompleta do combustível. A indução de biogás através do coletor de admissão reduz o volume de ar induzido; assim, a combustão tem lugar com menos oxigénio, o que resulta em emissões de HC mais elevadas quando o caudal de biogás aumenta as emissões de hidrocarbonetos não queimados.

O modo de funcionamento bicombustível alimentado a biogás com vários caudais foi superior ao do gasóleo em todas as cargas. As emissões mais elevadas de hidrocarbonetos no modo bicombustível devem-se ao facto de o excesso de biogás reduzir a quantidade de ar necessária para a combustão, o que conduz a uma mistura combustível-ar mais rica. A baixas cargas, a quantidade de injeção de combustível piloto é baixa, o que torna a propagação da chama mais lenta e leva à oxidação parcial do combustível, aumentando assim o nível de hidrocarbonetos não queimados nos gases de escape. A 20% da carga do motor, o nível de hidrocarbonetos no modo bicombustível (680 ppm) quando comparado com o do gasóleo (35,5 ppm). A cargas mais elevadas, devido à temperatura mais elevada da câmara de combustão, o nível de emissão de hidrocarbonetos é inferior ao das cargas baixas no modo de duplo combustível. A plena carga do motor, o nível de hidrocarbonetos sob o caudal máximo de biogás nos gases de escape foi de (220 ppm) em comparação com o gasóleo fóssil (23 ppm).

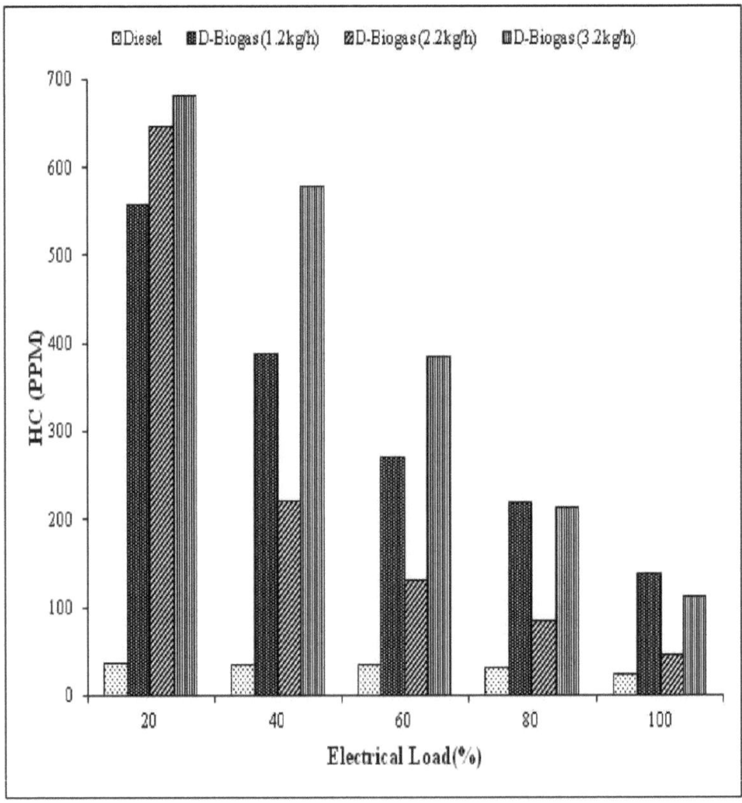

Fig. 4.12: Variações de HC com alteração da carga

4.4.2 Efeito nas emissões de CO

A variação do monóxido de carbono em função da carga, para diferentes caudais, em comparação com o gasóleo de combustível piloto é apresentada na fig. 4.13.

O monóxido de carbono (CO) nos motores diesel forma-se durante as fases intermédias da combustão. O motor diesel funciona bem no lado magro da relação estequiométrica. Isto deve-se à combustão incompleta causada pela diluição da carga pelo CO2 presente no biogás e pela deficiência de oxigénio. As emissões de CO específicas do travão no funcionamento com dois combustíveis são consideravelmente mais elevadas do que as do gasóleo em todas as condições de ensaio. Isto deve-se à combustão incompleta causada pela diluição da carga pelo CO_2 presente no biogás e pela falta de oxigénio. Assim, a chama formada na região de ignição do combustível piloto é normalmente suprimida e não prossegue até que a mistura biogás-combustível-ar atinja um valor mínimo limite para a auto-ignição. A má formação da mistura de combustível gasoso e líquido pode também ser outra razão para a maior emissão de CO. A cargas mais elevadas, o teor de CO foi inferior com um caudal de biogás de 3,2 kg/hr.

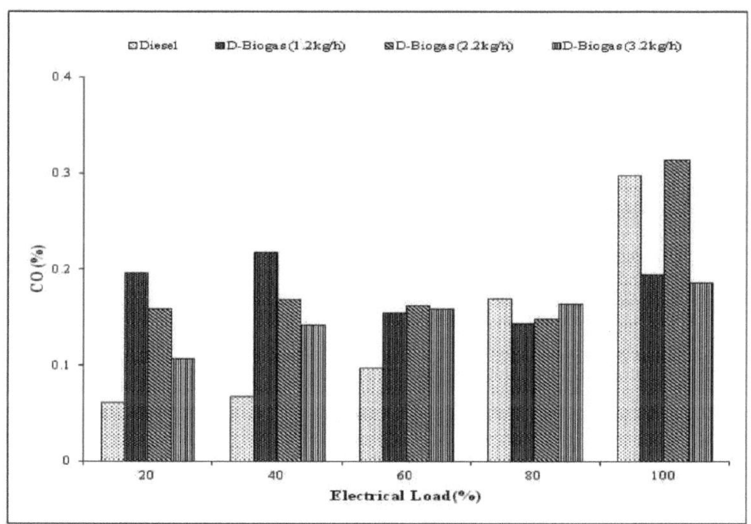

Fig. 4.13: Variações do CO com a alteração da carga

Pode observar-se que a emissão de CO diminui primeiro com o aumento da carga até à carga parcial. Este facto é atribuído à temperatura mais elevada dos gases do cilindro, que aumenta a taxa de combustão. A emissão de monóxido de carbono no tubo de escape representa a utilização incompleta e deficiente do combustível na câmara de combustão devido à baixa temperatura de propagação da chama e ao fornecimento limitado de oxigénio. A emissão de monóxido de carbono é o resultado da combustão incompleta da mistura combustível-ar no interior do cilindro do motor.

O nível de CO no modo bicombustível é consideravelmente superior ao do gasóleo em todas as cargas do motor. Devido à presença de resíduos de biogás que diluem a concentração de carga no interior do cilindro do motor, as emissões de CO são mais elevadas a cargas baixas e intermédias. A 20% de carga, a concentração das emissões de CO é de (0,32%) no modo bicombustível, em comparação com o gasóleo (0,30%). Com o aumento do caudal de biogás, a emissão de CO diminui da carga baixa para o nível intermédio. A cargas mais elevadas, a temperatura do gás do cilindro é mais elevada, o que leva a uma melhoria da qualidade da combustão, reduzindo assim o nível de CO em comparação com o modo diesel . O nível de CO a plena carga no modo de combustível duplo com 3,2 kg/h foi de 0,21% em comparação com o gasóleo (0,15%).

4.4.3 Efeito nas emissões de CO2

A variação do dióxido de carbono em função da carga, para diferentes caudais, em comparação com o gasóleo de combustível piloto é mostrada na fig. 4.14. Como mostra a figura 4.14, o nível de CO_2 no tubo de escape é mais elevado no modo de funcionamento bicombustível do que no modo diesel convencional.

A Fig. 4.14 mostra que as emissões de CO_2 no caso do gasóleo são inferiores às do modo bicombustível em todas as cargas. Quando o caudal de biogás aumenta, as emissões de CO_2 também aumentam. Este facto deve-se à presença de dióxido de carbono no biogás. A emissão de CO_2 é uma indicação da combustão completa do combustível na câmara de combustão com a presença de excesso de oxigénio. A emissão de CO_2 específica do travão para todos os combustíveis de ensaio mostra uma tendência decrescente de vazio para plena carga. Com efeito, em vazio, o consumo de combustível do motor é inferior ao de plena carga e a disponibilidade de ar na câmara de combustão é suficiente para efetuar uma combustão completa, o que é completamente impossível a plena carga. O funcionamento a duplo combustível apresenta uma emissão de CO_2 inferior à do gasóleo. Isto deve-se à falta de oxigénio, à temperatura mais baixa da câmara de combustão e ao menor tempo de combustão, o que leva a uma combustão incompleta, causando menos emissões de CO2. A plena carga, o gasóleo apresenta uma emissão de CO2 mais elevada, de cerca de 24%, do que o funcionamento a duplo combustível.

Observa-se que, com o aumento do caudal de biogás, o nível de CO_2 aumenta em todas as cargas do motor. A 20% de carga, a concentração do nível de CO_2 com um caudal de biogás de 3,2 kg/h em funcionamento com dois combustíveis é de 6,2% quando comparada com a do gasóleo (3,4%). Este facto deve-se principalmente à diluição do CO_2 presente na composição do biogás, o que dá origem a um nível de emissão de CO_2 mais elevado. A emissão de CO_2 aumenta com o aumento da carga do motor para todos os combustíveis ensaiados. A plena carga, a concentração do nível de CO_2 com um caudal de biogás de 3,2 kg/h em funcionamento com duplo combustível é de (9%) quando comparado com o gasóleo (6,5%). A razão provável pode ser a temperatura mais elevada do gás do cilindro a cargas mais elevadas em funcionamento com duplo combustível, que promove um nível mais elevado de CO_2 em comparação com o gasóleo.

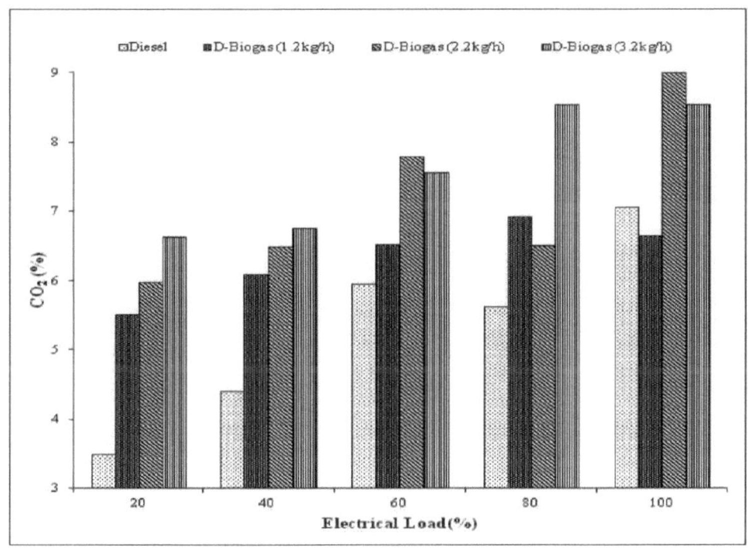

Fig. 4.14: Variações do CO_2 com a alteração da carga

4.5 Desenvolvimento do modelo de rede neural artificial

Após a obtenção dos valores experimentais, os dados foram divididos em parâmetros de entrada e de saída para treino na RNA. Foi desenvolvido um modelo ANN utilizando os dados obtidos nos estudos experimentais efectuados. Neste estudo, os modelos baseados em RNA foram desenvolvidos no ambiente MATLAB2012a utilizando a caixa de ferramentas Neural Network. O algoritmo de retropropagação, Levenberg-Marquardt Back propagation (TRAINLM), foi utilizado para a estrutura da RNA. Uma vez que a função de treino mais rápida é geralmente TRAINLM, e é a função de treino predefinida para a rede feed forward. Este método tende a ser menos eficiente para redes de grande dimensão (com milhares de pesos), uma vez que requer mais memória e mais tempo de computação para estes casos. Além disso, o TRAINLM tem melhor desempenho em problemas de ajuste de funções (regressão não linear) do que em problemas de reconhecimento de padrões. Na presente rede neural foi utilizada uma camada de entrada, dez camadas ocultas e sete camadas de saída. Enquanto a carga resistiva (KW) e o tipo de combustível do motor de ensaio constituíam os valores de entrada, BP, BSFC, BSEC, BTE, HC, CO e CO_2 constituíam os valores de saída. Os parâmetros de entrada e de saída foram introduzidos numa matriz para a estrutura da rede que foi desenvolvida como se mostra na figura 4.15 abaixo.

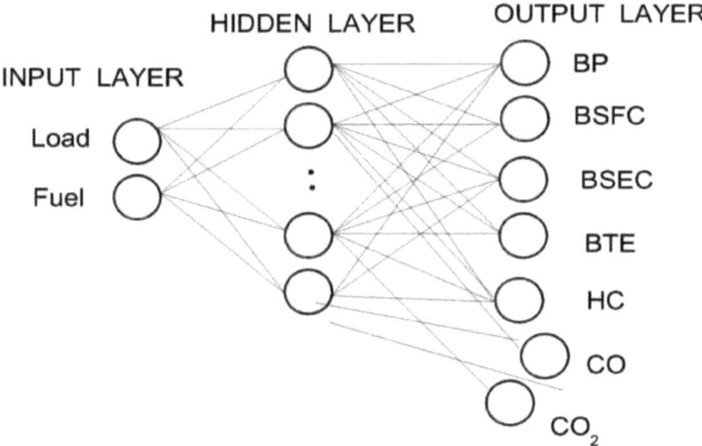

Fig 4.15: Arquitetura do modelo NN

As observações foram consideradas como os pontos de dados da estrutura da rede. Inicialmente, os pontos de dados foram convertidos num valor entre 0 e 1, de modo a facilitar o processo de treino. Depois de efetuar o treino da amostra, os parâmetros originais foram introduzidos nas matrizes de entrada e saída. O desempenho da RNA é diretamente afetado por variáveis como o número de neurónios na camada oculta e o número de camadas ocultas. Tentou-se criar a configuração que produziu os melhores coeficientes de correlação através da formação de diferentes configurações de RNA. A tabela 4.2 apresenta informações pormenorizadas sobre o modelo da RNA que foi criado no presente estudo. Os resultados foram obtidos após o treino da rede utilizando o número de neurónios indicado no software MATLAB. A regressão do gráfico foi verificada. A regressão global deve situar-se entre 0,95 e 1, o que indica bons resultados de previsão. Até lá, é utilizado o método de tentativa e erro para descobrir o valor perfeito do número de neurónios ocultos na camada oculta.

Tabela 4.2 Especificações do modelo baseado em RNA

Particulars	SPECIFICATIONS
Network Type	Feed Forward Back Propagation
Training Function	Levenberg – Marquardt back propagation (TRAINLM)
Adaptation Learning Function	Gradient Descent with Momentum Weight and bias (LEARNGDM)
Performance Function	Mean Square Error (MSE)
Transfer Function	Hyperbolic Tangent Sigmoid (TANSIG)
Data Division	Random (Dividerand)
Number of Input Layer unit	1
Number of Output Layer unit	7
Number of Hidden Layer	10
Number of Hidden Layer Neuron	2
Number of epoch (Learning cycle)	45 iterations

Após a realização do processo de treino com um resultado ótimo, as entradas da base de dados de teste foram utilizadas para simulação, ou seja, para prever as saídas correspondentes para cada modelo de RNA. Em seguida, as saídas de cada RNA foram comparadas com os valores-alvo obtidos a partir de dados experimentais, a fim de confirmar a fiabilidade da estimativa ou da simulação.

4.5.1 Desempenho e validação de modelos baseados em RNA de geradores a gasóleo em Diferentes caudais de biogás

Os resultados são obtidos após o treino da rede utilizando um determinado número de neurónios no software MATLAB. No presente estudo, durante o treino da base de dados ou da rede utilizando a caixa de ferramentas das redes neuronais no ambiente MATLAB, o MSE diminui rapidamente durante a aprendizagem utilizando o algoritmo

LEARNGDX. Para uma investigação mais precisa do modelo, foi efectuada uma análise de regressão dos resultados e dos objectivos desejados. A regressão do gráfico foi verificada. A regressão global deve situar-se entre 0,95 e 1, o que indica bons resultados de previsão. Até então, foi utilizado o método de tentativa e erro para descobrir o valor perfeito do número de neurónios ocultos na camada oculta.

De todas as redes treinadas, poucas foram as que conseguiram fornecer esta condição, tendo sido escolhida a rede mais simples. As curvas de regressão também são obtidas em simultâneo. A linha verde na figura (4.16-4.17) mostra o erro de validação. O treino da base de dados pára quando o erro de validação deixa de diminuir e, finalmente, são obtidos os resultados óptimos. A linha azul indica o erro nos dados de treino e a linha vermelha explica o erro nos dados de teste, em que os valores dos coeficientes de regressão (R) são superiores a 0,99. Verificou-se uma elevada correlação entre os valores previstos pelo modelo ANN e os valores medidos resultantes dos ensaios experimentais. O coeficiente de correlação foi de 0,99956 na análise de toda a rede quando se utilizou biogás e gasóleo, o que implica que o modelo foi bem sucedido na previsão do desempenho do gerador. Enquanto o coeficiente de correlação para o gasóleo de base foi de 1, o que indica que existe uma forte correlação na modelação do gerador a gasóleo. Isto reflecte que todos os modelos baseados em RNA apresentam um desempenho bastante satisfatório e aceitável. Isto promete que o modelo de RNA do gerador a gasóleo é exato, válido e fiável.

ANN1; Desempenho e validação da ANN (gasóleo + biogás)

ANN2; Desempenho e validação da ANN (apenas diesel)

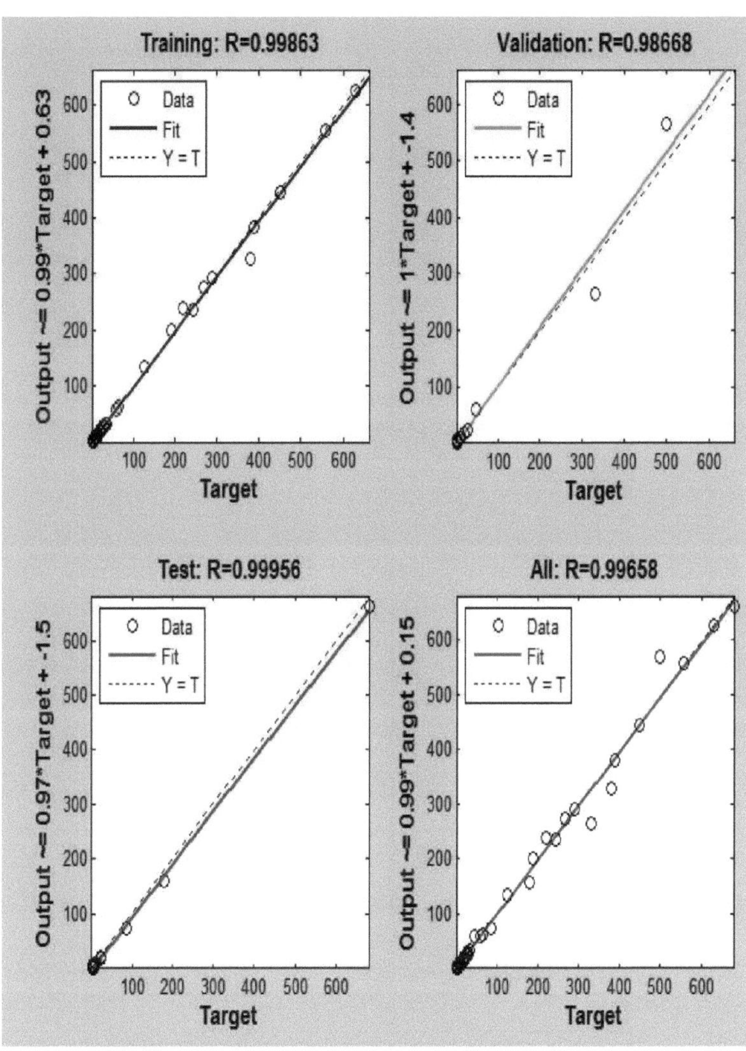

Fig. 4.16: Desempenho e validação da ANNI (gasóleo + biogás)

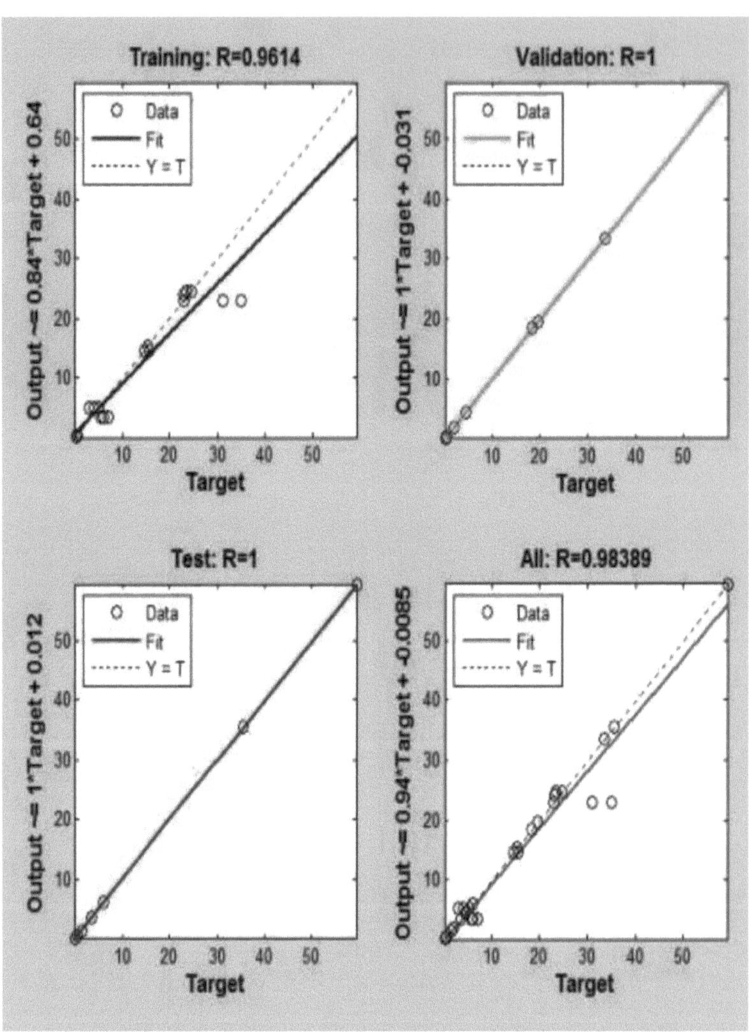

Fig 4.17: O desempenho e a validação da ANN2 (gasóleo de base)

4.5.2 Comparação dos resultados previstos com os resultados experimentais

Para confirmar a fiabilidade da estimativa, os resultados experimentais foram comparados com os resultados previstos com base na RNA. Depois de encontrar as curvas de regressão, a fórmula de previsão (valores) para o parâmetro de saída individual foi anotada. Assim, a RNA é também utilizada para efeitos de previsão. Foram obtidos vários gráficos entre os valores experimentais e os previstos.

As comparações entre os resultados previstos e experimentais para todos os modelos ANN são mostradas nas figuras 4.18 a 4.23 para diferentes caudais de biogás a 1,2 kg/h, 2,2 kg/h e 3,2 kg/h, respetivamente. A partir das figuras, pode ver-se que os valores previstos e experimentais estão próximos uns dos outros. A proximidade dos valores mostra que a estrutura ANN criada foi bem sucedida. A coincidência dos valores experimentais e previstos indica que o treino foi efectuado em boa escala. É certo que o desempenho dos modelos baseados em RNA é muito decente e fiável.

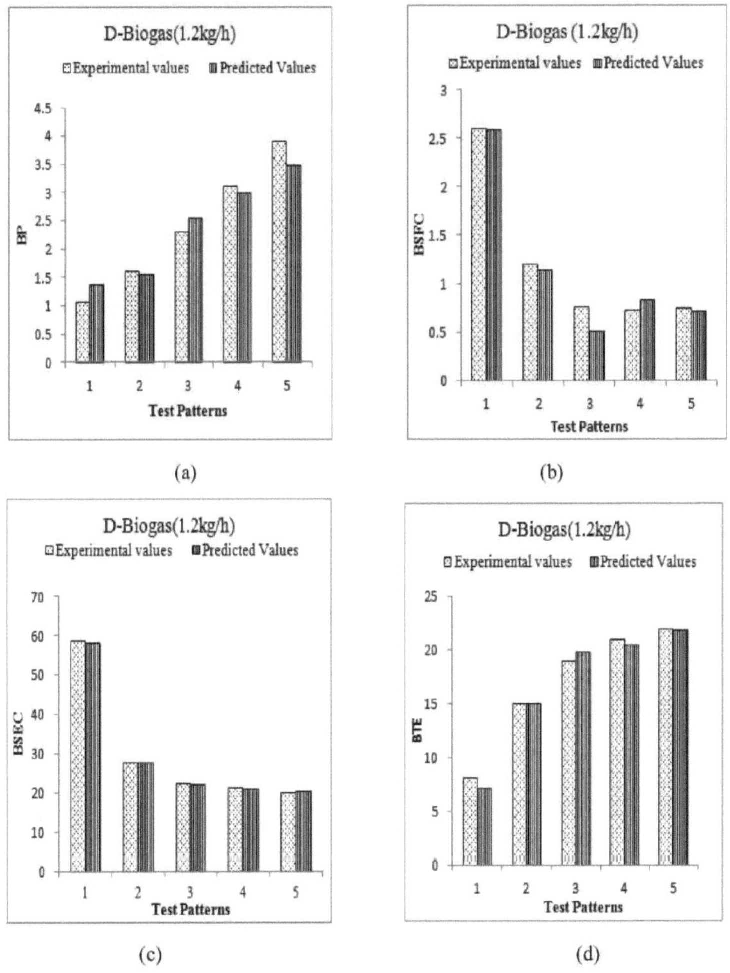

Fig. 4.18: Comparação dos resultados experimentais e dos valores previstos pela RNA para (a) potência de travagem (b) BSFC (c) BSEC (d) BTE para vários padrões de ensaio no modelo de rede com um caudal de biogás de 1,2 kg/h

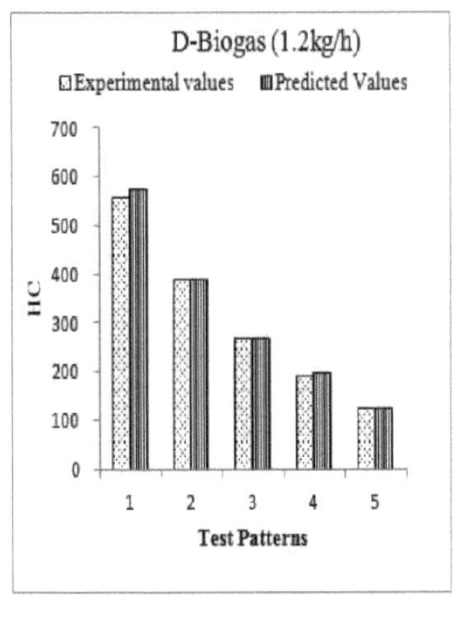

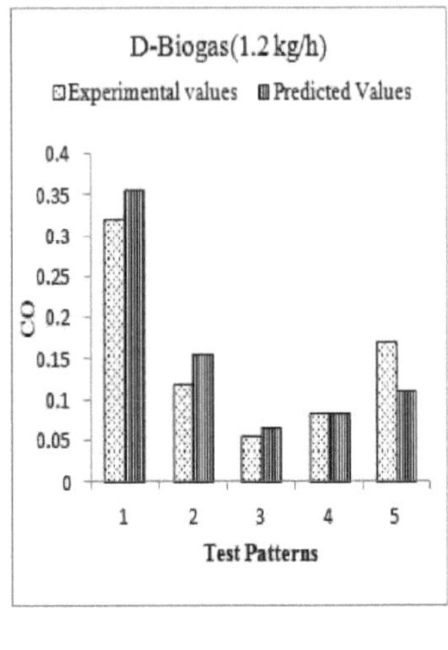

(e) (f)

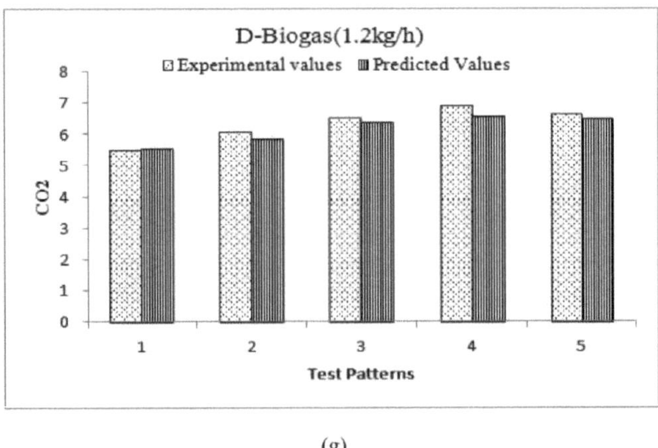

(g)

Fig 4.19: Comparação dos resultados experimentais e dos valores previstos pela RNA para (e) HC (1)

CO (g) CO2 para vários padrões de ensaio no modelo de rede a 1,2 kg/hora de caudal de biogás

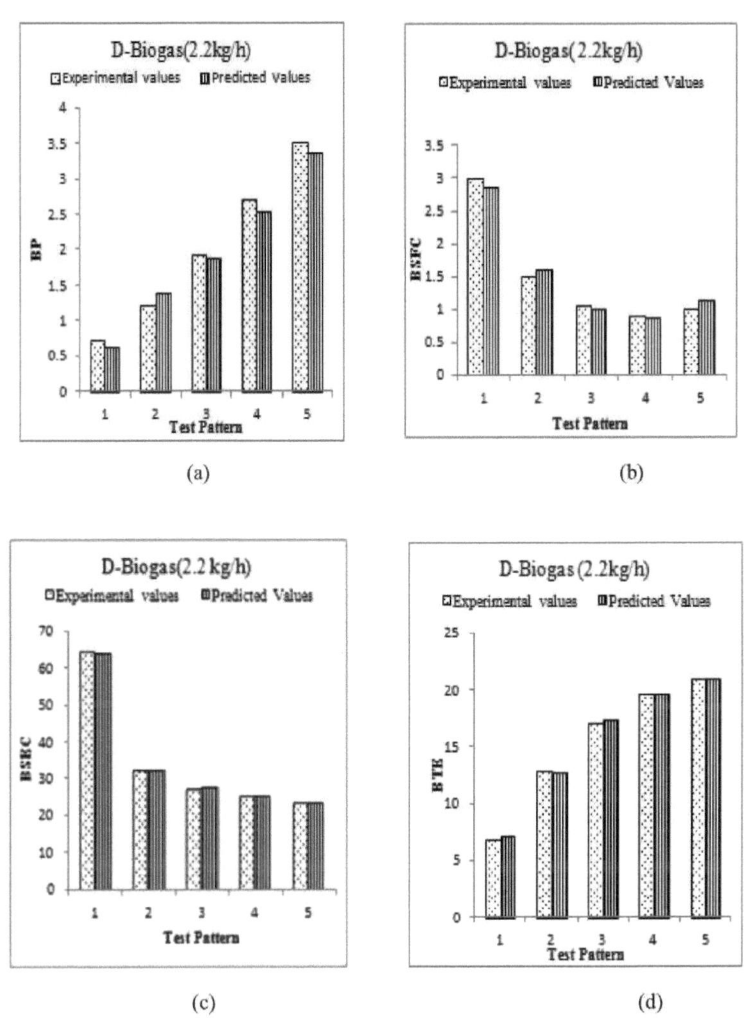

Fig. 4.20: Comparação dos resultados experimentais e dos valores previstos pela RNA para (a) potência de travagem (b) BSFC (c) BSEC (d) BTE para vários padrões de ensaio na rede modelo em rede com caudal de biogás de 2,2 kg/h

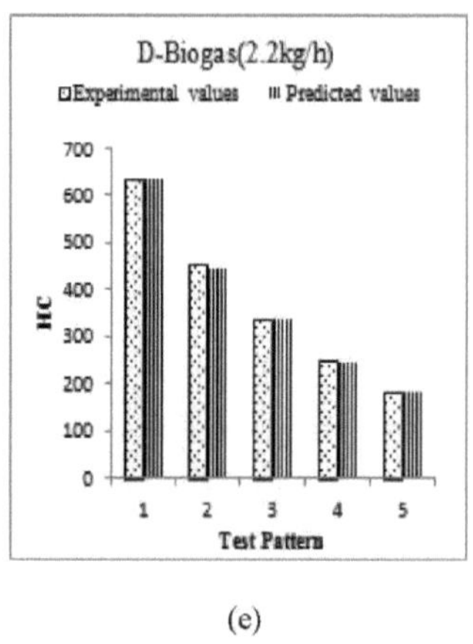

(e)

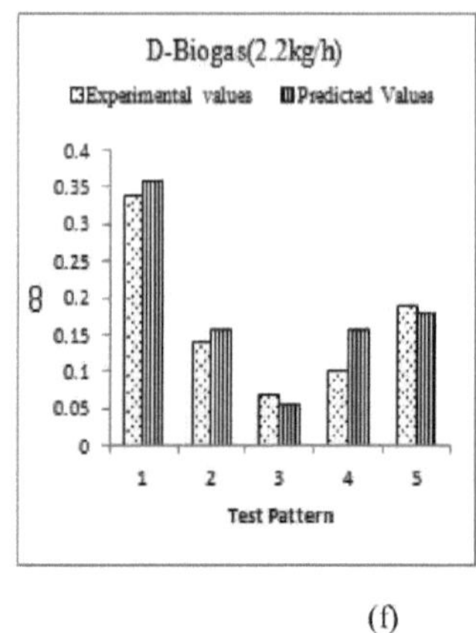

(f)

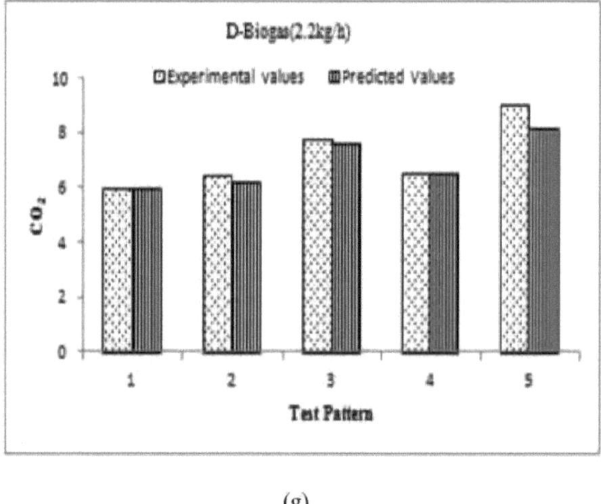

(g)

Fig 4.21: Comparação dos resultados experimentais e dos valores previstos pela RNA para (e) HC (1)

CO (g) CO_2 para vários padrões de ensaio no modelo de rede a um caudal de biogás de 2,2 kg/h

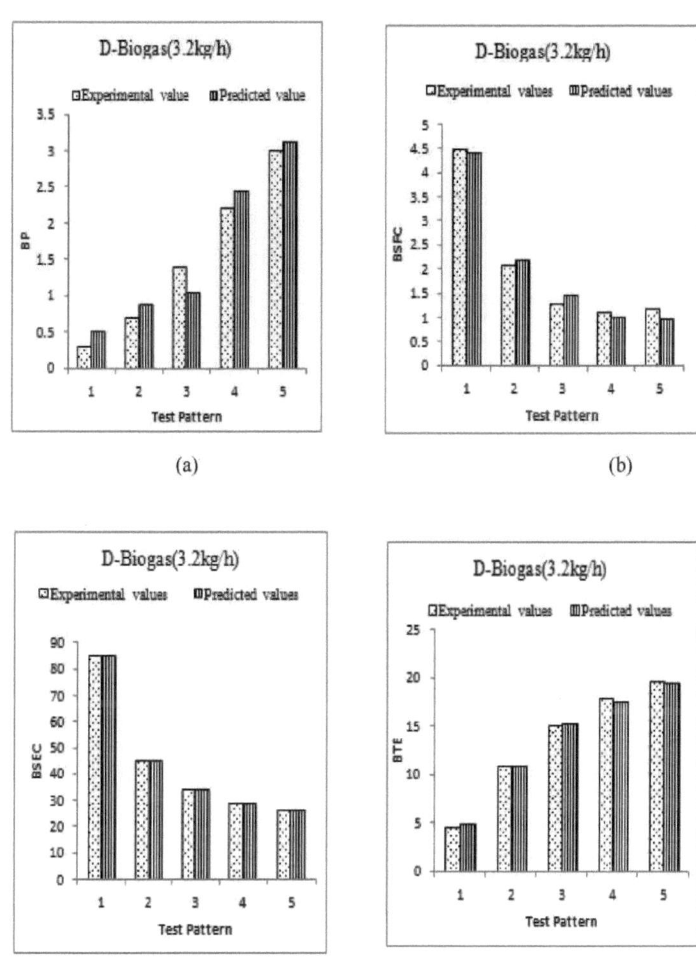

(a) (b)

(c) (d)

Fig. 4.22: Comparação dos resultados experimentais e dos valores previstos pela RNA para (a) potência de travagem (b) BSFC (c) BSEC (d) BTE para vários padrões de ensaio na rede modelo em rede com caudal de biogás de 3,2 kg/h

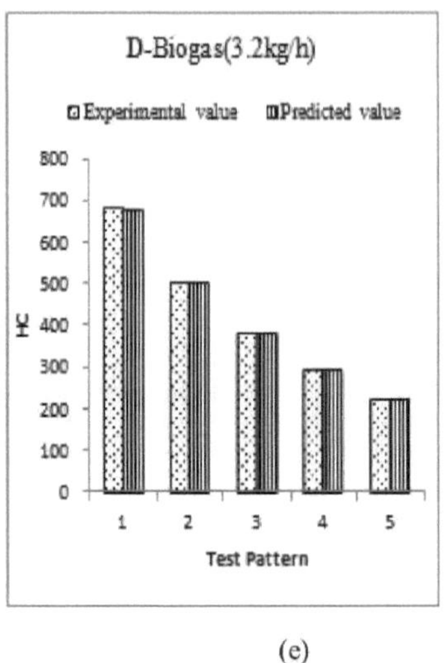

(e)

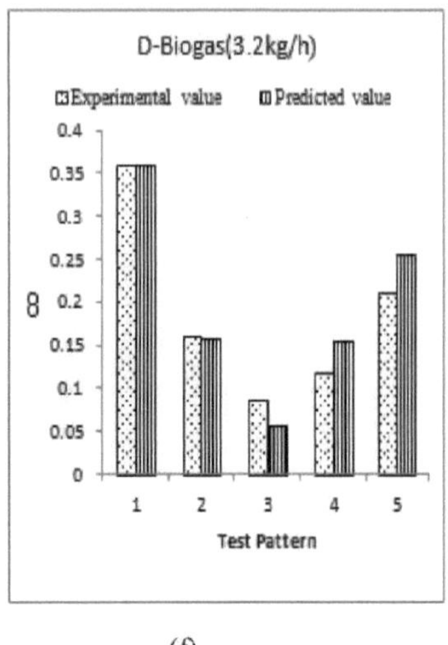

(f)

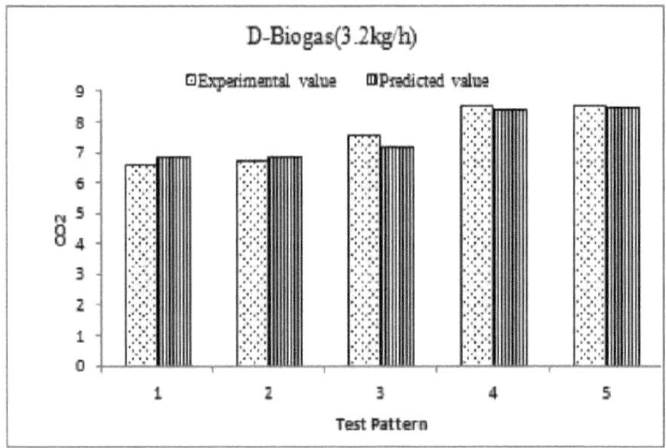

(g)

Fig 4.23: Comparação dos resultados experimentais e dos valores previstos pela RNA para (e) HC (1)
CO (g) CO_2 para vários padrões de ensaio no modelo de rede a um caudal de biogás de 3,2 kg/h

4.5.3 Desempenho e validação de modelos baseados em RNA de geradores a gasóleo com diferentes misturas de biodiesel

Foi desenvolvido um modelo ANN para o gerador a gasóleo com combustíveis misturados com biogás e biodiesel, utilizando os dados recolhidos nos ensaios. No modelo, 80% do conjunto de dados foi aleatoriamente atribuído como conjunto de treino, enquanto os restantes 20% dos dados são postos de lado para previsão e validação. Para uma investigação mais precisa do modelo, foi efectuada uma análise de regressão dos resultados e dos objectivos desejados. A regressão do gráfico foi verificada. A regressão global deve situar-se entre 0,95 e 1, o que indica bons resultados de previsão. Até então, foi utilizado o método de tentativa e erro para descobrir o valor perfeito do número de neurónios ocultos na camada oculta.

De todas as redes treinadas, poucas foram as que conseguiram fornecer esta condição, tendo sido escolhida a rede mais simples. As curvas de regressão também são obtidas em simultâneo. A linha verde na figura (4.24-4.25) mostra o erro de validação. O treino da base de dados pára quando o erro de validação deixa de diminuir e, finalmente, são obtidos os resultados óptimos. A linha azul indica o erro nos dados de treino e a linha vermelha explica o erro nos dados de teste, em que os valores dos coeficientes de regressão (R) são superiores a 0,99. Verificou-se uma elevada correlação entre os valores previstos pelo modelo ANN e os valores medidos resultantes dos ensaios experimentais. O coeficiente de correlação foi de 0,99901 na análise de toda a rede quando se utilizou biogás e gasóleo com misturas de biodiesel, ou seja, nBu10B10D80, o que implica que o modelo foi bem sucedido na previsão do desempenho do gerador. Enquanto o coeficiente de correlação para o biogás e o gasóleo com misturas de biodiesel, ou seja, nBu20B20D60, foi de 0,9997, o que indica que existe uma forte correlação na modelação do gerador a gasóleo. Isto reflecte que todos os modelos baseados em RNA apresentam um desempenho bastante satisfatório e aceitável. Isto promete que o modelo ANN do gerador a gasóleo é exato, válido e fiável. Isto garantiu uma resposta satisfatória.

RNA3; Desempenho e validação da RNA (gasóleo + biogás+ nBu10B10D80) RNA4; Desempenho e validação da RNA (gasóleo + biogás+ nBu20B20D60)

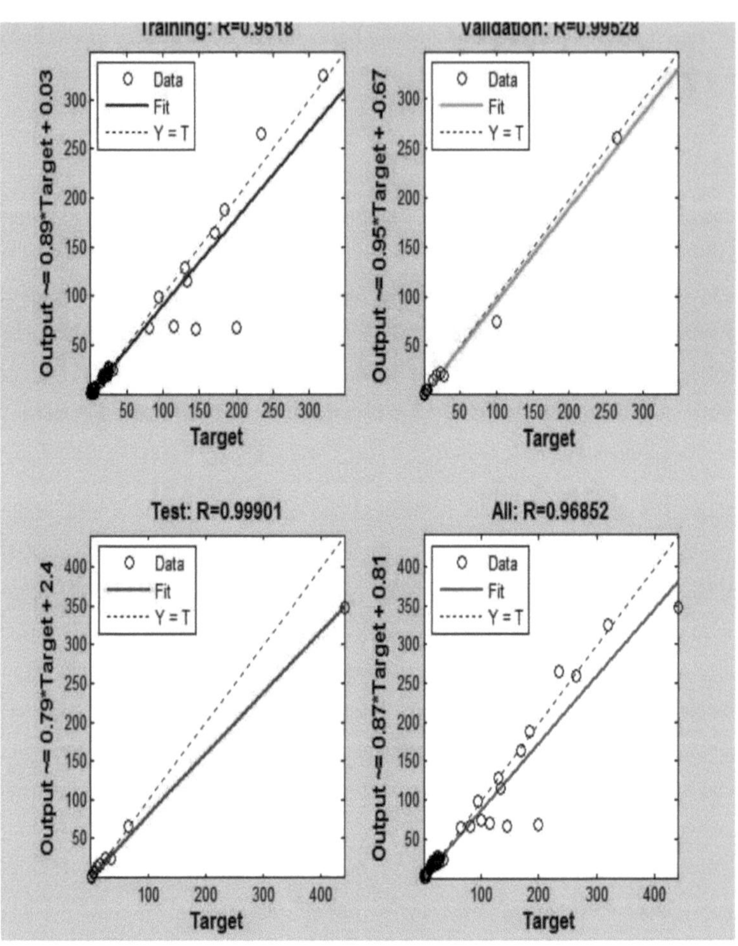

Fig 4.24 Desempenho e validação da ANN 3 (gasóleo +biogás+ nBu10B10D80

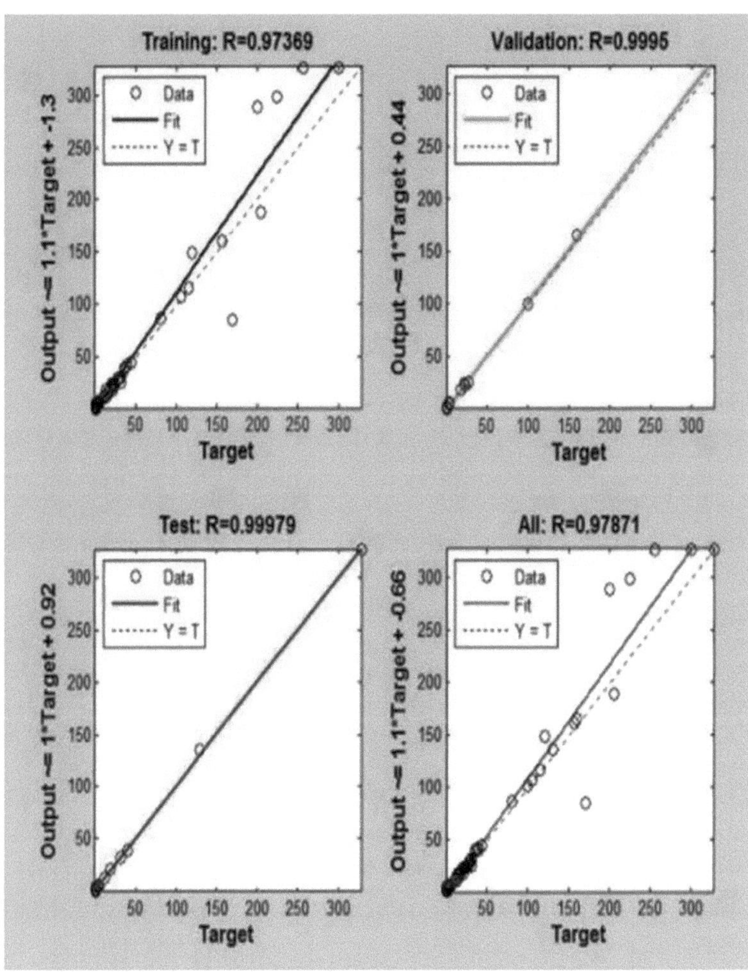

Fig. 4.25: Desempenho e validação da ANN (gasóleo +biogás+ nBu20B20D60)

4.5.4 Comparação dos resultados previstos com os resultados experimentais

Para confirmar a fiabilidade da estimativa, os resultados experimentais foram comparados com os resultados previstos com base na RNA. Depois de encontrar as curvas de regressão, a fórmula de previsão (valores) para o parâmetro de saída individual foi anotada. Assim, a RNA é também utilizada para efeitos de previsão. Foram obtidos vários gráficos entre os valores experimentais e os previstos. As comparações entre os resultados previstos e os experimentais para todos os modelos ANN são mostradas na fig. 4.26 a fig.

4.37 para Biogás+ nBul0B10D80 e Biogás + nBu20B20D60 em diferentes caudais de biogás a 0,48 kg/hr, 1,2 kg/hr e 2 kg/hr, respetivamente. Existe uma elevada correlação entre os valores previstos pelo modelo ANN e os valores medidos resultantes dos ensaios experimentais.

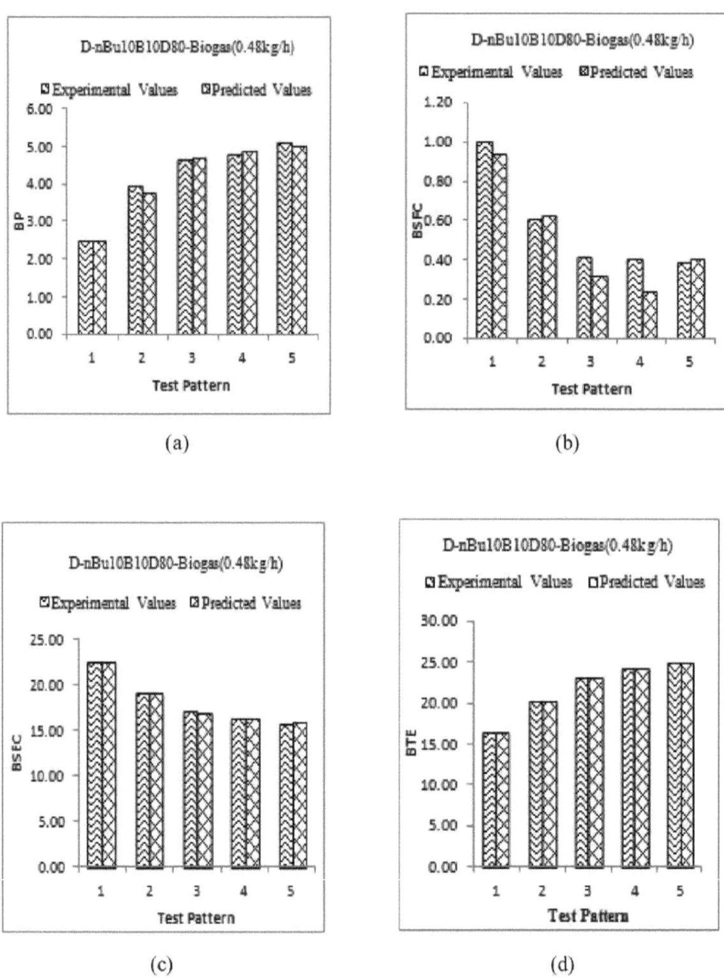

Fig. 4.26: Comparação dos resultados experimentais e dos valores previstos pela RNA para (a)
potência de travagem (b) BSFC (c) BSEC (d) BTE para vários padrões de teste na rede modelo para o caudal de nBul0B10D80-Biogás (0,48 kg/h)

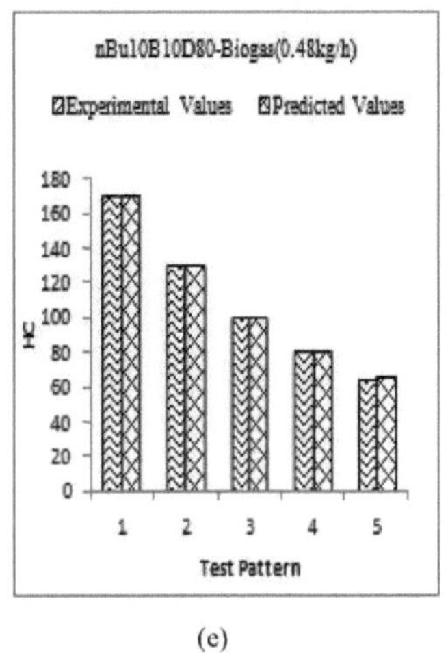

(e)

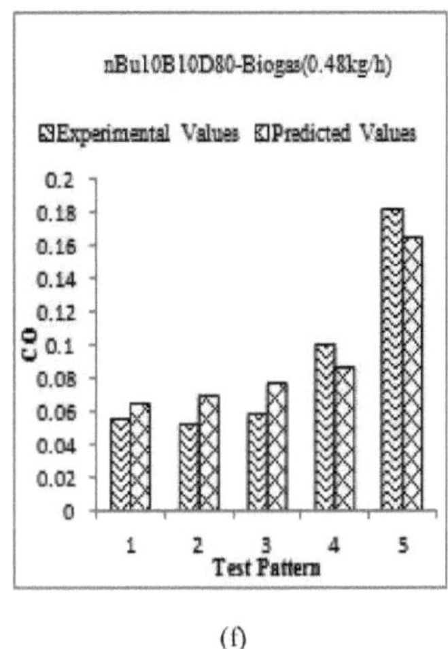

(f)

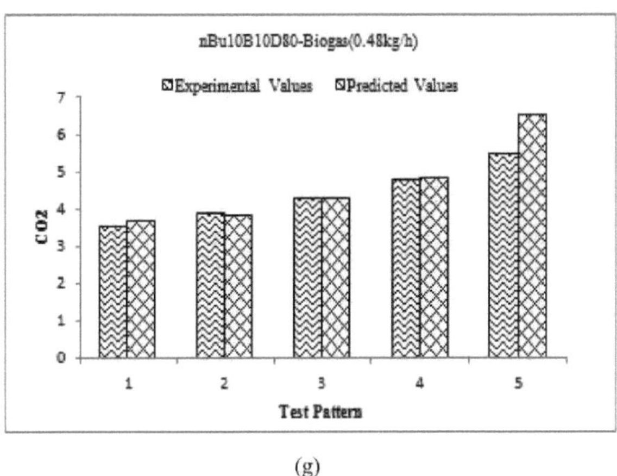

(g)

Fig 4.27: Comparação dos resultados experimentais e dos valores previstos pela RNA para (e) HC (1)

CO (g) CO_2 para vários padrões de teste no modelo de rede para o caudal de nBul0B10D80-Biogás (0,48 kg/h) caudal

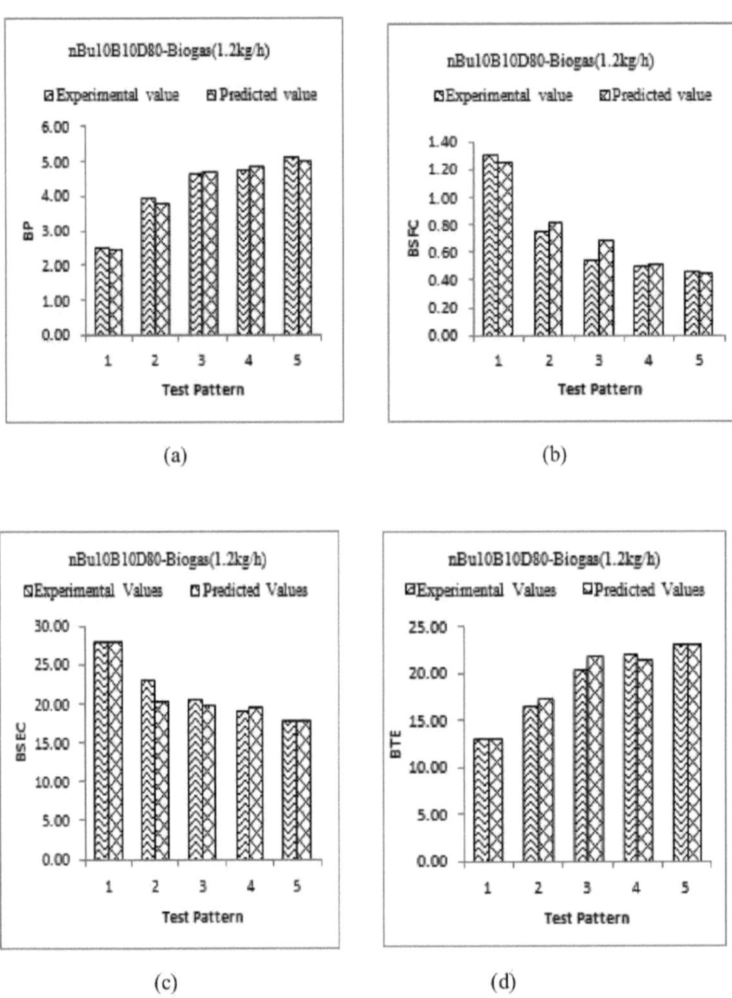

Fig. 4.28: Comparação dos resultados experimentais e dos valores previstos pela RNA para (a)
potência de travagem (b) BSFC (c) BSEC (d) BTE para vários padrões de teste na rede modelo para o caudal de biogás nBul0B10D80 (1,2 kg/h)

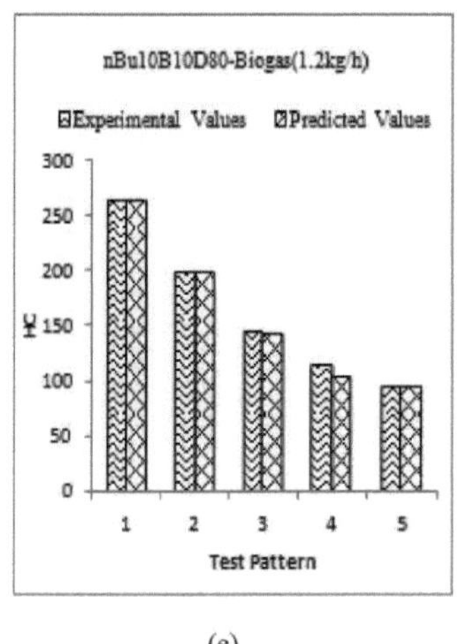

(e)

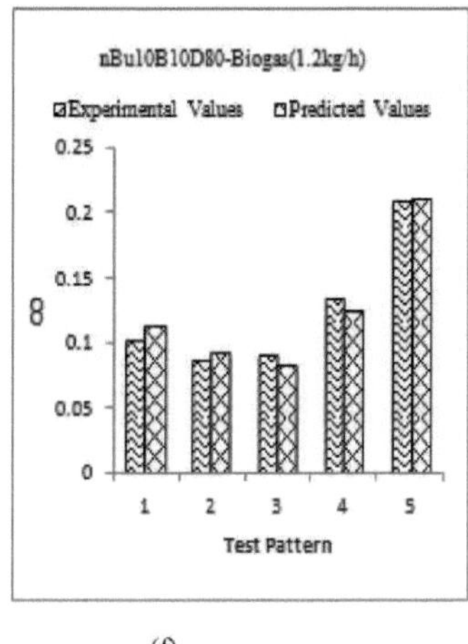

(f)

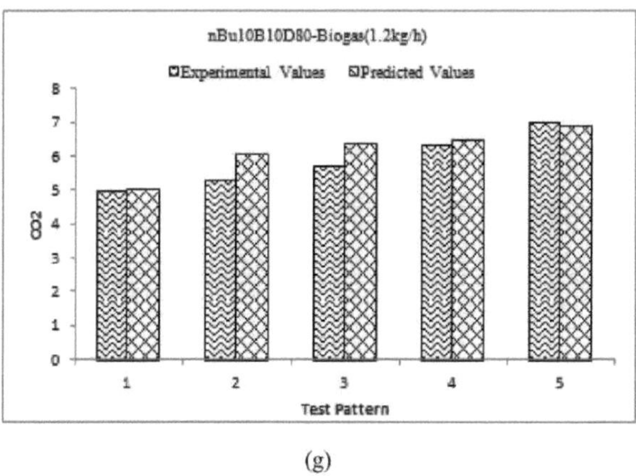

(g)

Fig 4.29: Comparação dos resultados experimentais e dos valores previstos pela RNA para (e) HC (1)

CO (g) CO_2 para vários padrões de ensaio no modelo de rede para o caudal de nBul0B10D80-Biogás(1,2 kg/h) caudal

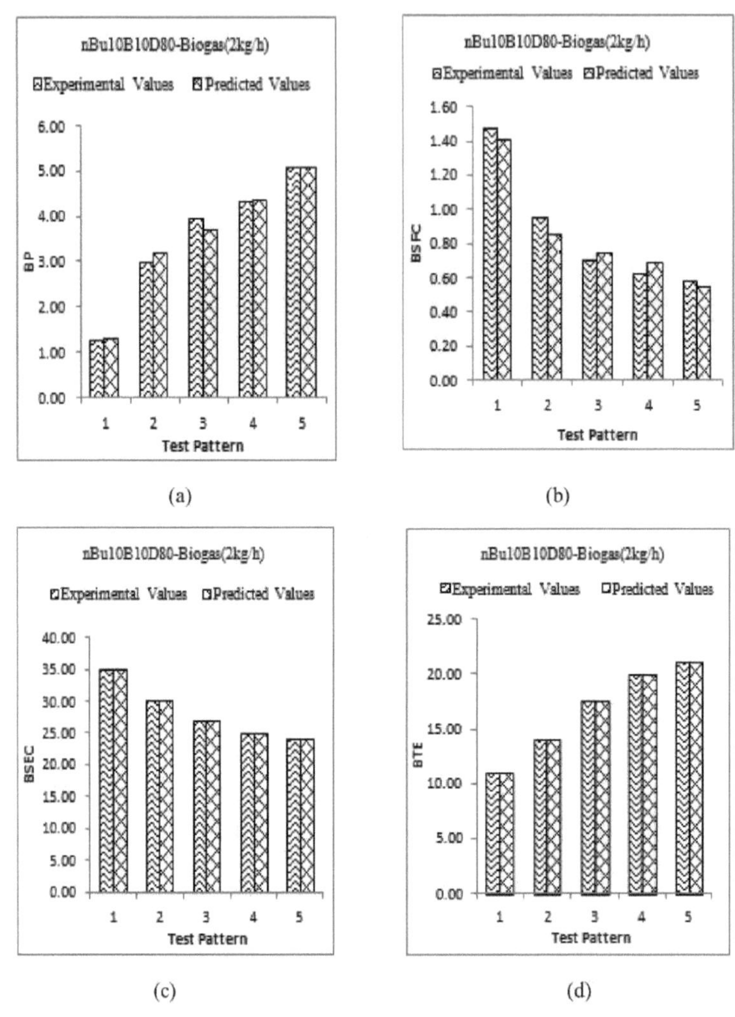

Fig. 4.30: Comparação dos resultados experimentais e dos valores previstos pela RNA para (a) potência de travagem (b) BSFC (c) BSEC (d) BTE para vários padrões de ensaio no modelo de rede para nBul0B10D80-Biogás (2 kg/h) caudal

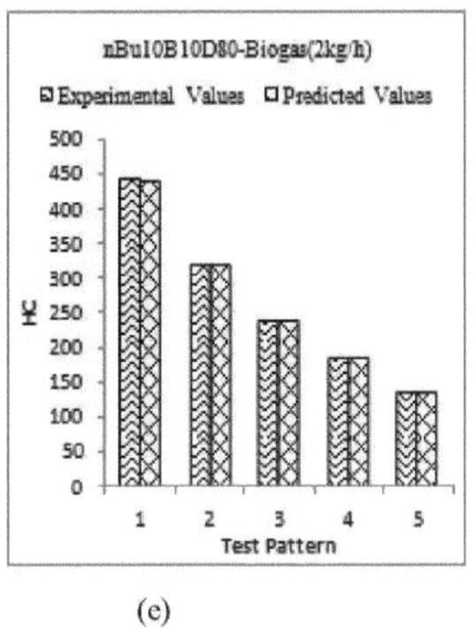

(e)

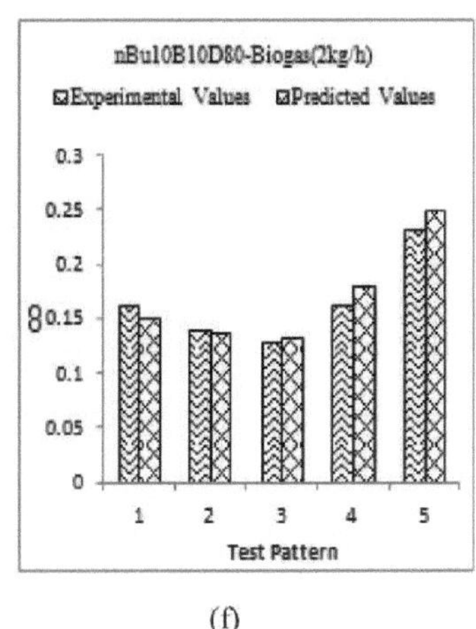

(f)

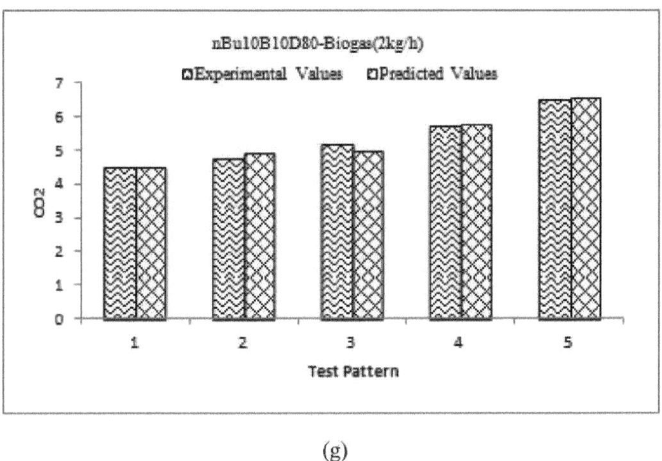

(g)

Fig 4.31: Comparação dos resultados experimentais e dos valores previstos pela RNA para (e) HC (1) CO (g) CO2 para vários padrões de teste no modelo de rede para o caudal de nBu10B10D80-Biogás (2 kg/h) caudal

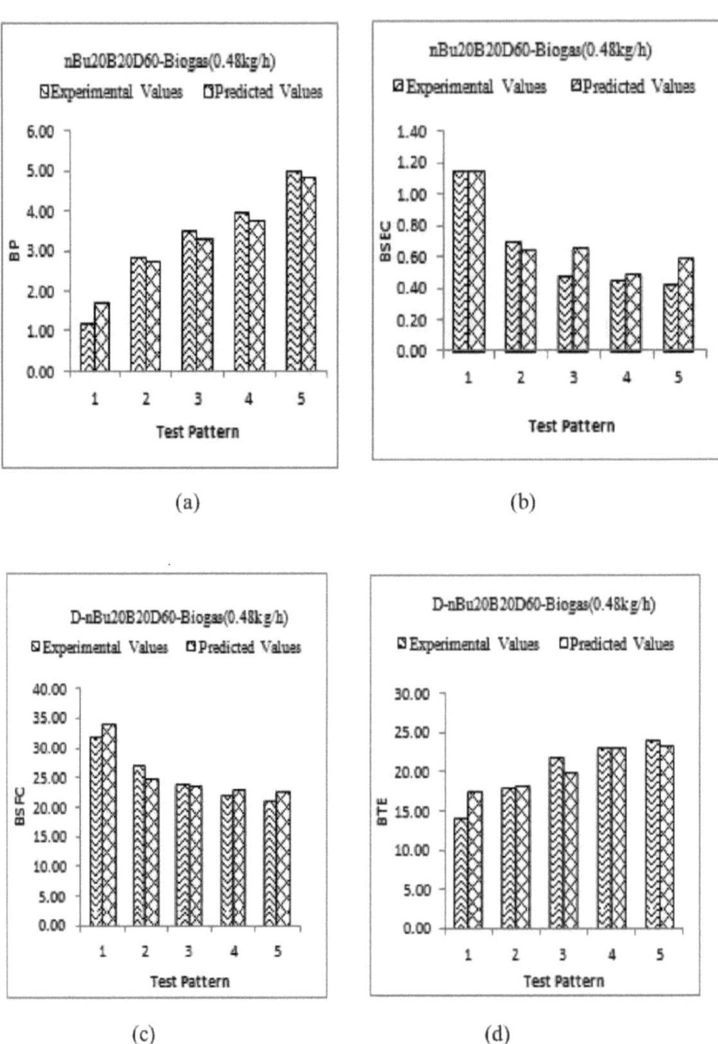

Fig 4.32: Comparação dos resultados experimentais e dos valores previstos pela RNA para (a) potência de travagem

(a) potência de travagem (b) BSFC (c) BSEC (d) BTE para vários padrões de teste no modelo de rede para

nBu20B20D60-Biogás (0,48 kg/h) caudal

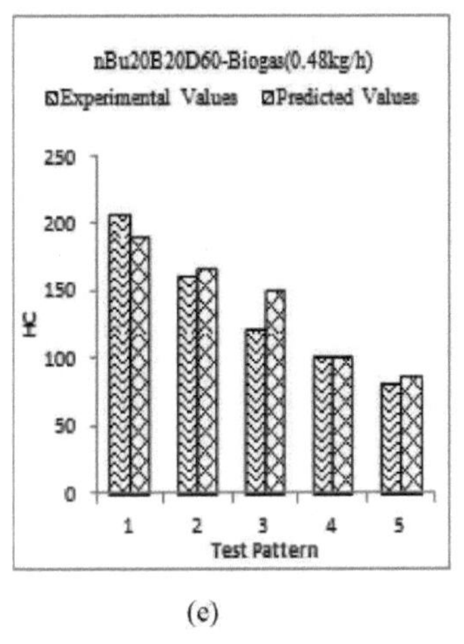

(e)

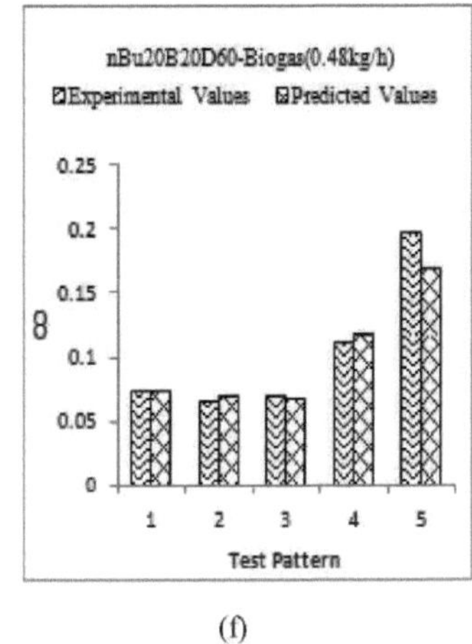

(f)

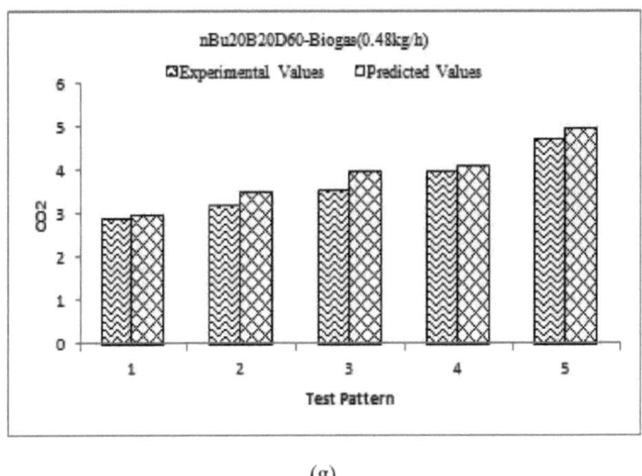

(g)

Fig 4.33: Comparação dos resultados experimentais e dos valores previstos pela RNA para (e) HC (1) CO (g) CO2 para vários padrões de teste no modelo de rede para nBu20B20D60-Caudal de biogás (0,48 kg/h)

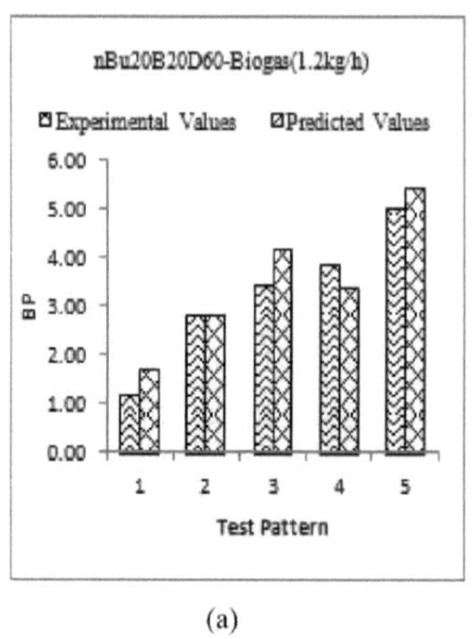

(a)

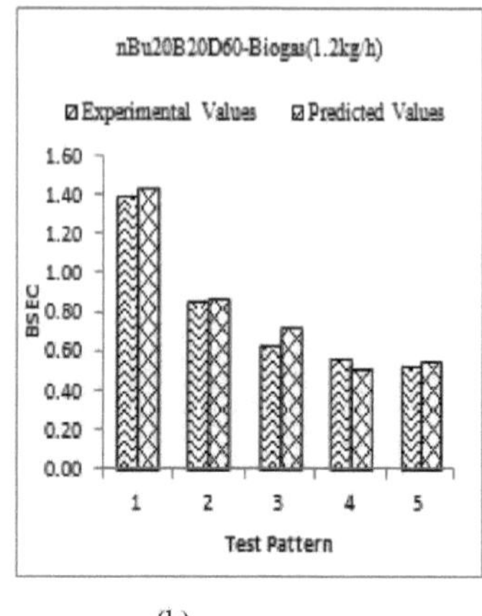

(b)

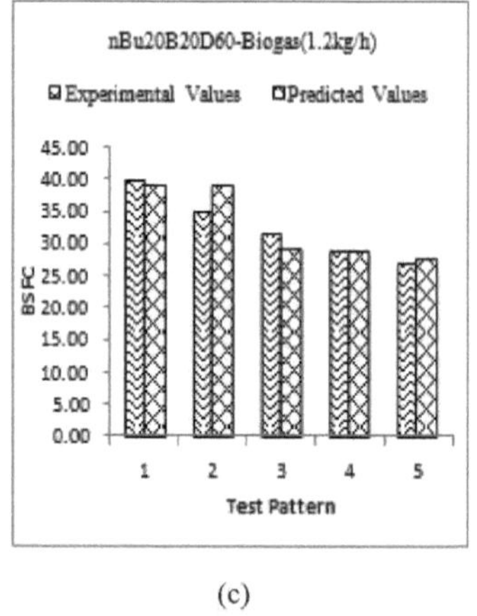

(c)

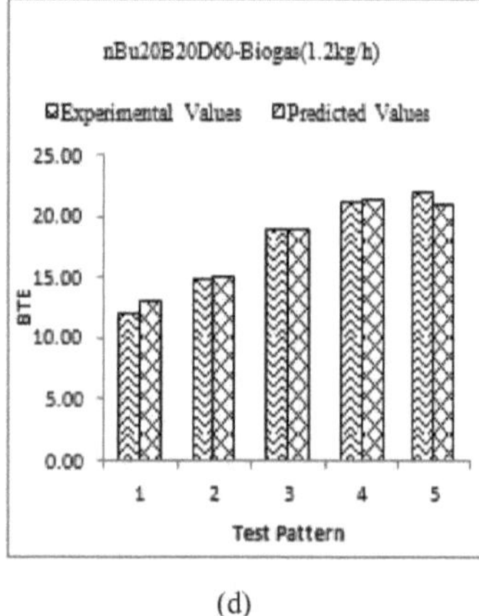

(d)

Fig 4.34: Comparação dos resultados experimentais e dos valores previstos pela RNA para (a) potência de travagem (b) BSFC (c) BSEC (d) BTE para vários padrões de teste no modelo de rede para o caudal de nBu20B20D60-Biogás (1,2 kg/h)

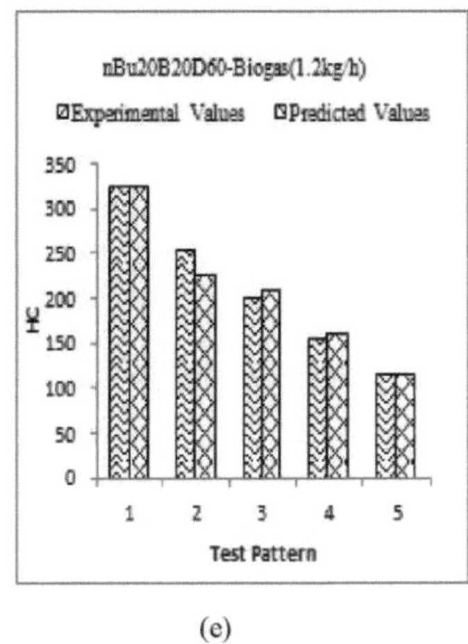

(e)

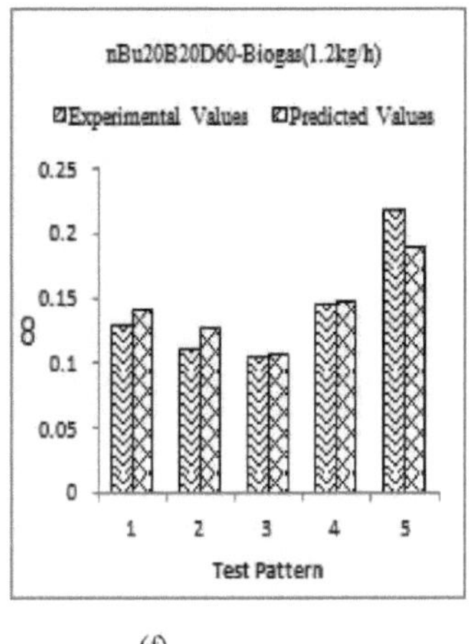

(f)

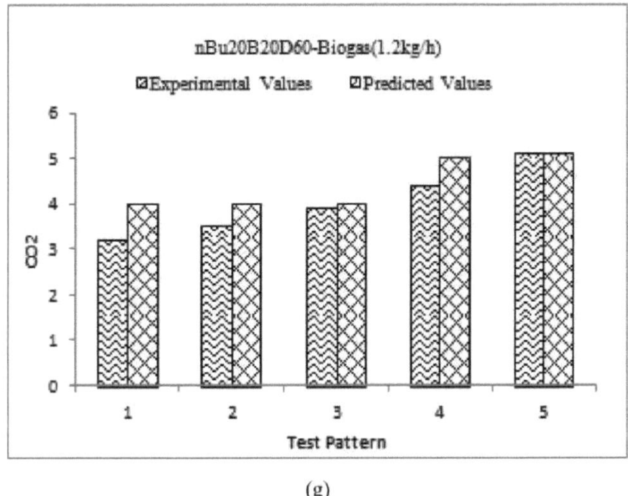

(g)

Fig 4.35: Comparação dos resultados experimentais e dos valores previstos pela RNA para (e) HC (1)

CO (g) CO2 para vários padrões de teste no modelo de rede para o caudal de nBu20B20D60-Biogás (1,2

kg/h) caudal

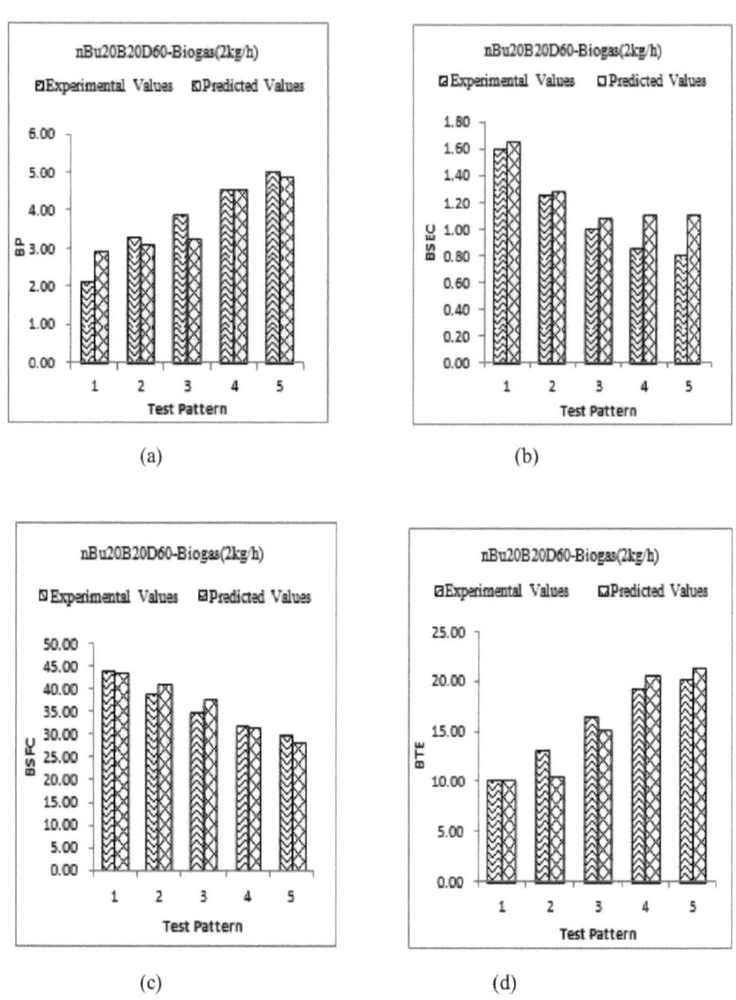

Fig. 4.36: Comparação dos resultados experimentais e dos valores previstos pela RNA para (a) potência de travagem
(b) BSFC (c) BSEC (d) BTE para vários padrões de ensaio no modelo de rede para nBu20B20D60-Biogás (2 kg/h) caudal

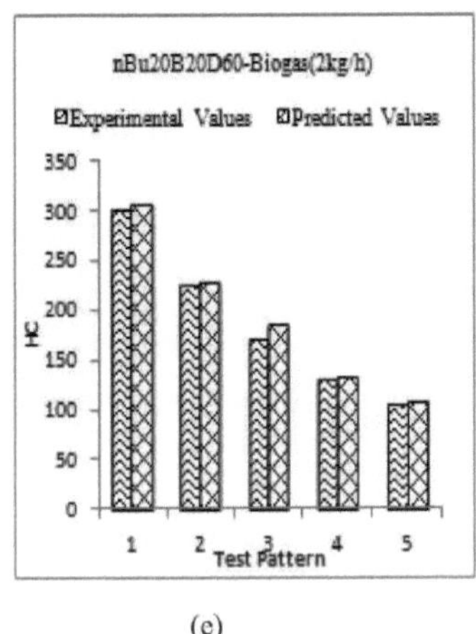

(e)

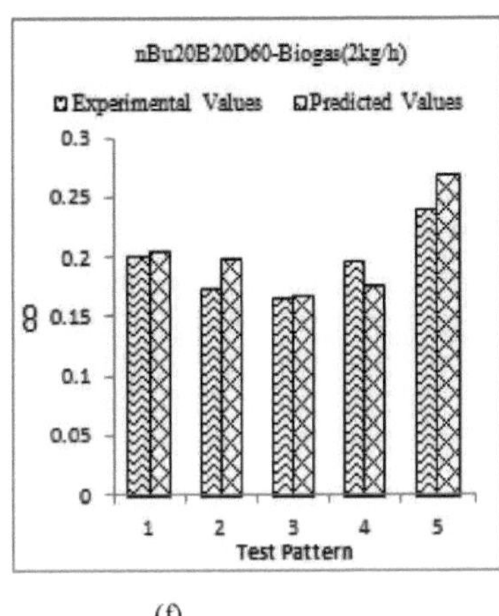

(f)

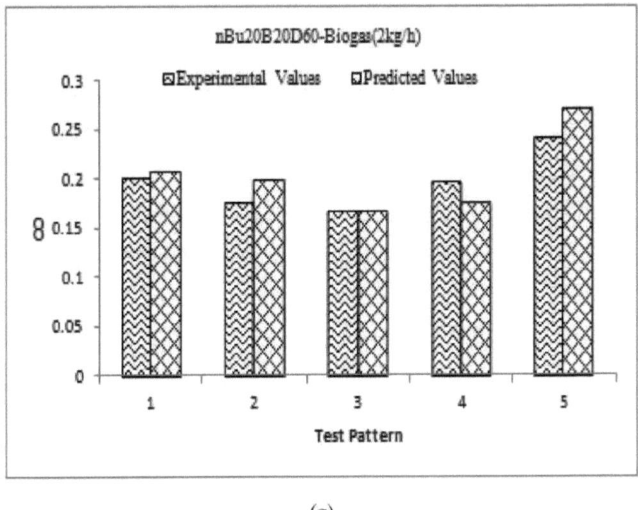

(g)

Fig 4.37: Comparação dos resultados experimentais e dos valores previstos pela RNA para (e) HC (1)

CO (g) CO_2 para vários padrões de teste no modelo de rede para o caudal de nBu20B20D60-Biogás (2

kg/h) caudal

Os valores de potência de travagem (BP) ou carga eléctrica, consumo específico de energia de travagem (BSEC), consumo específico de combustível de travagem (BSFC), eficiência térmica de travagem (BTE), hidrocarbonetos (HC), monóxido de carbono (CO) e dióxido de carbono (CO_2), tanto experimentais como previstos através da RNA, são apresentados graficamente nas figuras 4.26-4.37 para diferentes misturas de butanol, biodiesel e diesel a um caudal variável de biogás de 0,48 kg/h, 1,2 kg/h e 2 kg/h.

A partir das figuras acima, pode ver-se que os valores previstos e experimentais estão próximos um do outro. A proximidade dos valores mostra que a estrutura da RNA criada foi bem sucedida. A coincidência dos valores experimentais e previstos indica que a formação foi efectuada em boa escala. É certo que o desempenho dos modelos baseados em RNA é muito decente e fiável.

4.6 Estudo comparativo entre o modo de combustível duplo e o modo de combustível misto

Os resultados mostram que as caraterísticas de desempenho do modo de combustível duplo para todas as misturas de biodiesel são superiores às do gasóleo a cargas mais elevadas em modo de combustível fixo e duplo com diferentes caudais de biogás. A redução das emissões e dos fumos é maior no modo de combustível duplo do que no modo de combustível misturado. A análise do desempenho e das emissões de um motor diesel monocilíndrico bicombustível e de uma mistura de biocombustível que utiliza biogás em várias condições e os resultados são encorajadores, o que ajudará muito o nosso país a reduzir a nossa dependência dos combustíveis convencionais para a produção de eletricidade.

Quadro 4.3 Comparação entre os resultados do modo de combustível duplo e do modo de combustível misto

Sr. No.	Parameter	Dual Mode	Blended Mode
1.	Thermal Performance	**BP**-The dual fuel mode with flow rate of 3.7kg/hr having higher brake power than other two flow rates of biogas. **BSFC** values at full load under maximum biogas flow rate were (1.38 kg/kWh) compared to diesel (0.35 kg/kWh). **BSEC** At full load, the BSEC value with maximum biogas flow rate of 3.2 kg/h was (26 MJ/kWh) as compared to conventional diesel fuel (15.1 MJ/kWh). **BTE** At full load the BTE of dual fuel mode with biogas flow rate of 3.2 kg/h were (19.6%) when compared to diesel fuel (23.8%).	The brake power of the nBu10B10D80 at 1.2 kg/hr biogas flow rate at all load conditions is more than the diesel and other blends of biodiesel at different flow rate. **BSFC** nBu10B10D80 at 0.48 kg/hr biogas flow rate at all values of load showed minimum bsfc and values closer to diesel fuel. **BSEC** nBu20B20D60 (2 kg/h) exhibits more BSEC as compared to diesel and other biodiesel blends at various flow rate. nBu10B10D80 at 0.48 kg/hr biogas flow rate at all loads exhibits BTE closer to diesel values. Dual fuel nBu10B10D80 showed better performance characteristics than Dual

			fuel nBu20B20D60 at all biogas flow rates.
2.	Emission Characteristics	At all loads, the UHC content was found to be lower with biogas flow rate of 3.2kg/hr than other two flow rates of biogas. At higher loads, the **CO** content was found to be lower with biogas flow rate of 3.2kg/hr. At full load, the concentration of **CO_2** level with 3.2 kg/h biogas flow rate dual fuel operation is (9%) when compared with diesel fuel (6.5%).	UHC-nBu10B10D80 at 0.48kg/hr biogas flow rate exhibits least amount of unburned hydrocarbon as compared to other blends of fuel. **CO**-At the full load conditions dual fuel nBu10B10D80 at 0.48kg/hr flow rate of biogas has lowest CO emission than other dual fuel blends. **CO_2** Among the dual fuel blends nBu20B20D80 at 0.48Kg/hr biogas flow rate has lower CO_2 than other blends of dual fuel
3.	Regression values	The correlation coefficient was 0.99956 in the analysis of whole network when biogas and diesel were used, while correlation coefficient for baseline diesel was 1.	when biogas and diesel with blends of biodiesel and butanol i.e. nBu10B10D80 were used the correlation coefficient was 0.99901 while it is 0.9997 for nBu20B20D60 .

CAPÍTULO 5

CONCLUSÕES E ÂMBITO FUTURO

5. Generalidades

Neste capítulo são discutidas as conclusões e o âmbito futuro deste trabalho de investigação. Foi efectuado um estudo experimental num gerador a gasóleo utilizando biogás como combustível primário e uma mistura de butanol-biodiesel-diesel como combustível piloto. As caraterísticas de desempenho e de emissões foram analisadas experimentalmente e através da RNA. O motor de ensaio utilizado foi um gerador a gasóleo utilizado comercialmente na eletrificação rural.

5.1 Conclusões

A energia eléctrica é, sem dúvida, a forma de energia mais polivalente e é um motor essencial do crescimento económico e da prosperidade de qualquer nação em desenvolvimento. O consumo de eletricidade é um índice importante do progresso do país e do nível de vida. O consumo e a procura globais de energia per capita estão a aumentar rapidamente nas últimas décadas devido à industrialização e ao aumento da população mundial. A fase crítica da explosão demográfica está a ser enfrentada por muitos dos países do mundo, incluindo a Índia, e o aumento da população exige mais recursos energéticos. O sector da energia eléctrica enfrenta problemas de escassez de combustível, como a falta de carvão, perdas médias na transmissão de energia, aumento da distribuição, infra-estruturas insuficientes ou deficientes e conetividade nas linhas de distribuição, etc. O acesso à eletricidade nas zonas rurais e particularmente nas zonas remotas dos países em desenvolvimento, como a Índia, é difícil devido às baixas densidades populacionais, aos baixos níveis de consumo de energia per capita, ao elevado custo dos combustíveis e à fraca conetividade rodoviária, que limita o transporte. Desde há décadas que o aumento da dependência global dos combustíveis fósseis tem levado à libertação de CO2 para a atmosfera. Cerca de 70% das emissões totais de dióxido de carbono, metano e alguns vestígios de óxido nitroso provêm principalmente da combustão de combustíveis fósseis para o fornecimento de calor e a produção de eletricidade. Para reduzir o efeito dos gases com efeito de estufa, os combustíveis alternativos são a melhor opção a utilizar nas aplicações de produção de energia. Existe uma necessidade imediata de produção local de combustível para obter um sistema sustentável de produção de eletricidade para eletrificação rural com elevada eficiência e impacto mínimo no ambiente global. A produção e utilização de energia renovável em modo descentralizado é uma das formas de satisfazer as necessidades energéticas rurais e de pequena escala de uma forma fiável, acessível e ambientalmente sustentável.

A utilização de combustíveis renováveis e alternativos para geradores a gasóleo é necessária devido às incertezas associadas à disponibilidade futura de combustíveis fósseis. A energia da biomassa é considerada uma fonte de energia limpa e, quando utilizada de forma optimizada, estes recursos minimizam os riscos ambientais, produzem um mínimo de resíduos secundários e são sustentáveis com base nas futuras necessidades energéticas. Atualmente, a utilização de biogás derivado da biomassa é o combustível mais promissor para a produção de energia eléctrica nas zonas rurais e constitui uma técnica de controlo dos níveis de emissões. A Índia é o maior país produtor de gado e produz a matéria-prima necessária para a produção de biogás. As condições existentes na Índia, como o clima, a disponibilidade de biomassa e o funcionamento prático, etc., são favoráveis à produção e utilização do biogás. O biogás recolhido é inflamável, o que permite várias opções de utilização, como o aquecimento, a cozedura e a produção de eletricidade. Os motores de combustão interna estão ligados a geradores eléctricos que produzem eletricidade para utilização na exploração agrícola ou para venda a uma empresa de eletricidade. Normalmente, o biogás é composto por 60% de metano (CH4), um gás rico em energia, e 40% de dióxido de carbono (CO2). O gás pode ser utilizado diretamente para a produção de calor ou eletricidade. A utilização do metano separado do biogás como combustível reduzirá as emissões nocivas dos motores e manterá o ambiente limpo. É económico e o chorume pode ser utilizado como adubo orgânico. Os gases metano, hidrogénio e monóxido de carbono (CO) são utilizados no processo de combustão e a libertação desta energia permite que o biogás seja utilizado como combustível. O poder calorífico do biogás é de cerca de 6 kWh/m^3, comparado com cerca de meio litro de gasóleo. A produção de energia a partir do biogás é perfeitamente possível tanto no modo de combustível duplo como no motor que funciona a 100% com biogás.

Com a utilização da produção distribuída de energia, pode ser evitada a necessidade de estender as linhas de transmissão a centros remotamente povoados, podendo também ser reduzida a dependência de fontes de combustível convencionais. A energia eléctrica ligada a uma rede de distribuição ou a um local do cliente, representa uma forma inovadora e eficiente de gerar e fornecer eletricidade, porque gera eletricidade exatamente onde vai ser utilizada. Uma vez que na produção distribuída, como os utilizadores de eletricidade de média dimensão e os utilizadores em locais remotos, gostariam de ter a sua própria fonte de produção de energia de pequena dimensão, que seja acessível e também fiável. No entanto, os geradores a gasóleo são a mais comum de todas as tecnologias de produção distribuída e a sua ampla utilização em aplicações de produção distribuída proporciona eletricidade de baixo custo e elevada fiabilidade energética. Nas zonas rurais, onde os recursos de produção de energia estão disponíveis a granel sob a forma de biomassa, podem ser utilizados para a produção distribuída de energia. A utilização de biocombustíveis, como combustíveis líquidos (óleos vegetais e bioetanol) e gasosos (biogás), em geradores a gasóleo para várias aplicações revela-se mais promissora. O motor bicombustível pode utilizar uma grande variedade de combustíveis primários e piloto, geralmente com elevado índice de cetano. O biogás pode também ser utilizado em modo de duplo combustível com óleos vegetais ou biodiesel como combustíveis-piloto em motores diesel. São mais adequados para o desenvolvimento de centrais eléctricas descentralizadas para satisfazer as necessidades energéticas das zonas rurais e remotas.

No presente trabalho de investigação, foram realizadas duas experiências com o gerador a gasóleo de modo bicombustível. Os testes foram realizados com diferentes cargas; a carga eléctrica máxima foi de 5 kW. O desempenho térmico e as caraterísticas das emissões foram avaliados através do funcionamento do motor com taxas de compressão predefinidas fixas, pressões de injeção fixas e cargas variáveis. Nas presentes investigações, o estrume de vaca e os resíduos orgânicos da cozinha, em igual proporção, foram utilizados como matéria-prima potencial para a produção de biogás num digestor de cúpula fixa. O estudo conclui a produção de biogás e biodiesel a partir de resíduos orgânicos, a sua composição e propriedades para utilização em geradores a gasóleo.

Na *primeira fase, o trabalho experimental* baseou-se na produção e utilização de biogás como combustível no gerador a diesel para a produção de energia eléctrica e foi realizado durante o funcionamento de um motor a diesel de um cilindro abastecido com diesel como combustível piloto em várias taxas de fluxo de biogás a 1,2 kg/hr, 2,2 kg/hr e 3,3 kg/hr e comparado com o diesel puro.

O trabalho experimental da segunda fase foi realizado durante a operação de um motor diesel monocilíndrico com misturas de éster metílico de farelo de arroz e butanol em diferentes proporções com combustível diesel em várias taxas de fluxo de biogás a 0,48 kg/hr, 1,2 kg/hr e 2 kg/hr para a geração de energia elétrica para eletrificação rural.

Para confirmar a fiabilidade da estimativa, os resultados experimentais foram comparados com os resultados previstos com base na RNA em ambas as experiências.

Seguem-se as conclusões baseadas nos resultados experimentais obtidos na ***primeira fase do trabalho experimental*** durante o funcionamento de um motor diesel monocilíndrico alimentado com diesel como combustível piloto com vários caudais de biogás de 1,2 kg/h, 2,2 kg/h e 3,3 kg/h. Numa situação de potência igual, o desempenho do motor bicombustível (gasóleo-biogás) é comparado com o do gasóleo de base.

1. O biogás pode ser recuperado e utilizado diretamente para iluminação ou pode ser transformado em qualquer tipo de energia térmica ou eléctrica. O metano é o componente mais valioso no que respeita à utilização do biogás como combustível. Os estudos experimentais permitiram observar que a quota de energia do biogás é baixa a plena carga, enquanto a quota de energia do biogás é elevada a carga ligeira, para todos os caudais de biogás no modo de funcionamento de duplo combustível. Isto deve-se ao maior consumo de gasóleo convencional a uma carga relativamente elevada do que a uma carga ligeira. O caudal de biogás de 3,2 kg/h dá a quota máxima de energia em comparação com os outros caudais ao longo do padrão de carga do motor. A plena carga, os caudais de biogás de 1,2 kg/h, 2,2 kg/h e 3,2 kg/h dão uma quota de energia de 26,86, 45,7 e 69,33%, respetivamente, no modo de duplo combustível. Assim, a utilização de biogás e biodiesel em modo de duplo combustível em motores diesel não só reduziu o consumo de diesel como também protegeu o ambiente e a saúde humana.

2. No funcionamento com dois combustíveis, o caudal de 2,2 kg/hora foi considerado ótimo com base no desempenho da combustão do motor e nas caraterísticas das emissões, em comparação com outros caudais de biogás. A substituição do gasóleo de 45,7% foi obtida com uma taxa de biogás de 2,2 kg/hora a plena carga do motor. A plena carga, verificou-se uma redução de 8% do BTE no funcionamento com dois combustíveis com o caudal de biogás de 2,2 kg/h em comparação com o gasóleo convencional. A baixas cargas do motor, o BSFC e o BSEC da combustão de combustível duplo foram consideravelmente mais elevados do que no modo de combustível único, enquanto que a

cargas mais elevadas, a diferença é menor devido à melhoria das taxas de combustão. A plena carga, observou-se um aumento de 26% e 23% do CO e do CO_2. Com o aumento do caudal de biogás, o aumento do teor de CO2 na mistura levou ao aumento das emissões não queimadas no modo de combustível duplo.

3. Para uma investigação mais precisa do modelo, foi efectuada uma análise de regressão dos resultados e dos objectivos desejados. A regressão do gráfico foi verificada. Verificou-se uma elevada correlação entre os valores previstos pelo modelo ANN e os valores medidos resultantes dos ensaios experimentais. O coeficiente de correlação foi de 0,99956 na análise de toda a rede quando se utilizou biogás e gasóleo, o que implica que o modelo foi bem sucedido na previsão do desempenho do gerador. Enquanto o coeficiente de correlação para o gasóleo de base foi de 1, o que indica que existe uma forte correlação na modelação do gerador a gasóleo. O resultado reflecte que todos os modelos baseados em RNA apresentam um desempenho bastante satisfatório e aceitável. Isto promete que o modelo ANN do gerador a gasóleo é exato, válido e fiável.

4. Para confirmar a fiabilidade da estimativa, os resultados experimentais foram comparados com os resultados previstos com base em ANN. Foram obtidos vários gráficos para a potência de travagem (BP), o consumo específico de energia de travagem (BSEC), o consumo específico de combustível de travagem (BSFC), a eficiência térmica de travagem (BTE), os hidrocarbonetos (HC), o monóxido de carbono (CO) e o dióxido de carbono (CO_2) entre os valores experimentais e previstos. Verificou-se que as comparações entre os resultados previstos e experimentais para todos os modelos ANN para diferentes taxas de fluxo de biogás a 0,48 kg/hr, 1,2 kg/hr e 2 kg/hr que os valores previstos e experimentais estão próximos um do outro. A proximidade dos valores mostra que a estrutura ANN criada foi bem sucedida. A coincidência dos valores experimentais e previstos indica que o treino foi efectuado em boa escala. É certo que o desempenho dos modelos baseados em RNA é muito decente e fiável.

A partir da ***segunda fase do trabalho experimental***, são apresentadas a seguir as conclusões baseadas nos resultados experimentais obtidos durante o funcionamento de um motor diesel monocilíndrico alimentado com misturas de ésteres metílicos de farelo de arroz e de butanol em diferentes proporções com o combustível diesel a vários caudais de biogás de 0,48 kg/h, 1,2 kg/h e 2 kg/h

5. O gerador a gasóleo existente pode ser utilizado para aplicações Duel Fuel com poucas

modificações. O motor a gasóleo pode funcionar a qualquer momento em modo de gasóleo completo ou em modo Duel

Modo de combustível. O biogás foi utilizado como combustível primário e o combustível piloto foi obtido a partir de misturas de ésteres metílicos de farelo de arroz e butanol em diferentes proporções com gasóleo. As misturas de biodiesel utilizadas na presente experiência são nBul0B10D80 e nBu20B20D60 com vários caudais de biogás.

6. O biodiesel de óleo de farelo de arroz é não tóxico, biodegradável, amigo do ambiente, facilmente disponível, barato, combustível renovável e não contribui para o aquecimento global. Verificou-se que o biodiesel de óleo de farelo de arroz tem um ponto de inflamação e um ponto de fogo mais elevados do que os do gasóleo mineral.

7. O butanol provou ser um bioálcool de segunda geração devido ao elevado teor de carbono nas moléculas de álcool e à sua excelente insolubilidade com outras misturas e com o gasóleo sem qualquer adição de co-solventes ou emulsionantes. Sendo um combustível oxigenado, a sua mistura com o gasóleo melhora a combustão, reduz as partículas e o CO e, sendo o butanol um bom solvente para os combustíveis derivados do petróleo, apresenta uma estabilidade de mistura e a sua mistura com os combustíveis derivados do petróleo até 40% de teor alcoólico não exige quaisquer modificações nos motores geradores a gasóleo existentes. A produção anual de biobutanol é estimada em 470 000 galões. Devido às suas boas propriedades de elevado valor calorífico, elevada viscosidade, baixa volatilidade, elevada hidrofobicidade, menos corrosivo, o butanol tem potencial para ser um bom combustível no futuro. A mistura ternária reduz grandemente a dependência dos combustíveis fósseis, que se esgotam rapidamente e afectam o efeito de estufa, o ambiente e as alterações climáticas.

O éster metílico do farelo de arroz tem uma viscosidade elevada e produz muito fumo devido a uma combustão incompleta, provocando assim a colagem dos anéis do pistão e o desempenho do sistema de injeção devido a uma mistura ineficaz de óleo e ar. O n-butanol é o álcool mais preferido para utilização em misturas com o gasóleo, uma vez que tem uma viscosidade baixa e pode ser facilmente misturado com o RBO, tem também um elevado valor calorífico e tem uma tendência reduzida para a cavitação e para o problema de bloqueio de vapor, eliminando assim a necessidade de misturas especiais durante o verão e o inverno. Devido ao seu maior calor de evaporação, que resulta numa temperatura de combustão mais baixa, as emissões de NOx são menores. O combustível misturado tem menos emissões de fuligem.

8. Os resultados gráficos mostram que as caraterísticas de desempenho do modo de combustível duplo para todas as misturas de biodiesel de éster metílico de farelo de arroz e misturas de butanol em diferentes proporções com gasóleo, no modo de combustível duplo de caudal variável de biogás, o combustível duplo nBul0B10D80 a 0,48 kg/h dá os melhores resultados. Todas as misturas apresentaram um valor elevado de BSFC à carga mais baixa, mas com o aumento da carga observou-se uma diminuição do valor BSFC de cada mistura. O nBu10B10D80 a 0,48 kg/hora de caudal de biogás em todos os valores de carga apresentou um BSFC mínimo e valores mais próximos do gasóleo.

A potência de travagem do nBu10B10D80 a 1,2 kg/hr de caudal de biogás em todas as condições de carga é superior à do gasóleo e de outras misturas de biodiesel a diferentes caudais. À carga máxima, observou-se que a potência de travagem de todos os combustíveis era praticamente a mesma. O biocombustível nBu10B10D80 apresentou uma maior produção de energia eléctrica do que o biocombustível nBu20B20D60 em todos os caudais de biogás. O nBu20B20D60 (2 kg/h) apresenta uma maior BSEC em comparação com o gasóleo e outras misturas de biodiesel a vários caudais. A baixas cargas, a razão para a BSEC mais elevada do combustível duplo deve-se à má utilização do combustível gasoso e à temperatura mais baixa da carga dentro da câmara de combustão. Em todos os casos de combustíveis duplos em que o combustível piloto era o biodiesel, a eficiência térmica do travão aumenta com o aumento da carga. Também se observa que o gasóleo apresenta uma eficiência térmica ligeiramente mais elevada em todas as cargas do que o éster metílico de óleo de farelo de arroz e as suas misturas. O gasóleo tem um poder calorífico mais elevado do que o biogás, pelo que a sua eficiência térmica de travagem é superior à do biocombustível. O nBu10B10D80 com um caudal de biogás de 0,48 kg/h em todas as cargas apresenta um BTE mais próximo dos valores do gasóleo. O monóxido de carbono (CO) nos motores diesel é formado durante as fases intermédias da combustão. A má formação da mistura de combustível gasoso e líquido pode também ser outra razão para a maior emissão de CO. Observou-se que, a uma carga mais baixa, as emissões de CO do gasóleo são inferiores às do modo duplo. Em condições de plena carga, o biocombustível nBu10B10D80 com um caudal de biogás de 0,48 kg/hora apresenta as emissões de CO mais baixas do que as outras misturas de biocombustível. As emissões de CO_2 do gasóleo são menores em todas as cargas do que as do combustível duplo. Entre as misturas de biocombustível, a nBu20B20D80 com um

caudal de biogás de 0,48 kg/h tem menos emissões de $CO_{(2)}$ do que as outras misturas de biocombustível. A emissão de CO_2 é uma indicação da combustão completa do combustível na câmara de combustão com a presença de excesso de oxigénio. A quantidade de hidrocarbonetos não queimados no modo duplo é maior em comparação com o gasóleo. Esta maior emissão de HC deve-se à combustão incompleta do combustível. A indução de biogás através do coletor de admissão reduz o volume de ar induzido; por conseguinte, a combustão tem lugar com menos oxigénio, o que resulta em maiores emissões de HC.
Observou-se que o nBul0B10D80 a 0,48 kg/hora de caudal de biogás apresenta a menor quantidade de hidrocarbonetos não queimados em comparação com outras misturas de combustível.

As propriedades do biodiesel de éster metílico de óleo de farelo de arroz e a adição de n-butanol são próximas do gasóleo, podendo constituir um combustível substituto útil para o motor a gasóleo. O Bu10B10D80 a 0,48 kg/h é a melhor alternativa ao gasóleo.

9. Foi desenvolvido um modelo ANN para o gerador a gasóleo com misturas de ésteres metílicos de farelo de arroz e de butanol em diferentes proporções com gasóleo, com vários caudais de biogás de 0,48 kg/h, 1,2 kg/h e 2 kg/h, utilizando os dados recolhidos nos testes. Os resultados mostraram que o algoritmo de treino Back Propagation foi suficiente para prever o desempenho e as emissões do gerador elétrico. O número de camadas ocultas necessárias para o treino é comprovadamente um, de acordo com o método de tentativa e erro. Para uma investigação mais precisa do modelo, foi efectuada uma análise de regressão dos resultados e dos objectivos desejados. Verificou-se que o coeficiente de correlação foi de 0,99901 na análise de toda a rede quando se utilizou biogás e gasóleo com misturas de biodiesel e butanol, ou seja, nBu10B10D80, o que implica que o modelo foi bem sucedido na previsão do desempenho do gerador. Enquanto o coeficiente de correlação para o biogás e o gasóleo com misturas de biodiesel e butanol, ou seja, nBu20B20D60, foi de 0,9997, o que indica que houve uma forte correlação na modelação do gerador a gasóleo. Os pontos de dados representados nos gráficos de regressão provam que os valores médios resultaram na obtenção de uma menor percentagem de erro. A percentagem de erro de todos os valores previstos no modelo ANN situa-se entre 0,01 e 0,03.

10. A partir das figuras gráficas da potência de travagem (BP), do consumo específico

de energia na travagem (BSEC), do consumo específico de combustível na travagem (BSFC), da eficiência térmica na travagem (BTE), dos hidrocarbonetos (HC), do monóxido de carbono (CO) e do dióxido de carbono (CO_2), pode ver-se que os valores previstos e experimentais estão próximos uns dos outros. A proximidade dos valores mostra que a estrutura ANN criada foi bem sucedida. A coincidência dos valores experimentais e previstos indica que o treino foi efectuado em boa escala. É certo que o desempenho dos modelos baseados em RNA é muito decente e fiável

11. A quantidade de savage no combustível para motores diesel é de cerca de 77% em modo de combustível duplo nas presentes investigações. A produção de eletricidade a partir do biogás pode ser um método muito eficiente de produção de eletricidade a partir de uma fonte de energia renovável. No entanto, isto só se aplica se o calor emergente do gerador de energia puder ser utilizado de uma forma económica e ecológica. O poder calorífico médio do biogás é de cerca de 21-23,5 MJ/m^3, o que significa que 1 m^3 de biogás corresponde a 0,5-0,6 l de gasóleo ou a um conteúdo energético de cerca de 6 kWh. No entanto, devido às perdas de conversão, 1m^3 de biogás só pode ser convertido em cerca de 1,7 kWhel.

12. Do ponto de vista económico, a eletricidade produzida a partir do biogás deve competir com a produção de eletricidade a partir de combustíveis fósseis e de outras energias renováveis, como a energia hídrica. Nas zonas rurais, onde os recursos de produção de energia estão disponíveis a granel sob a forma de biomassa, esta pode ser utilizada para a produção distribuída de energia. Trata-se de uma poupança direta de combustíveis convencionais, como o carvão, utilizados para a produção de energia eléctrica. Em zonas remotas, esta tecnologia de duplo combustível é útil para fornecer energia de emergência, eliminando também a necessidade de redes eléctricas e reduzindo as facturas de eletricidade. O custo dos biocombustíveis é, sem dúvida, mais elevado do que o do gasóleo fóssil, mas reduz as emissões. A energia da biomassa tem baixas emissões, utiliza biocombustíveis múltiplos de baixo custo, apresenta eficiências térmicas relativamente elevadas, é um processo neutro em termos de carbono e é facilmente escalável. Trata-se de uma solução pragmática para a produção sustentável de eletricidade que é tão rentável como socialmente responsável. Existe um elevado potencial de benefícios imediatos em termos de emissões de gases com efeito de estufa com a produção de eletricidade a partir da biomassa e, através do desenvolvimento tecnológico, no futuro a conversão da biomassa em energia será menos dispendiosa.

13. Os níveis de emissões de gases e partículas das centrais eléctricas a biomassa dependem do combustível, da tecnologia de conversão, das caraterísticas operacionais da central e da utilização de medidas de redução das emissões. Dado que a combustão dos recursos de biomassa é sempre um processo químico incompleto, a utilização intensa de biomassa nos países em desenvolvimento tem vários impactos na saúde humana, nas condições socioeconómicas e no ambiente. A combustão incompleta da biomassa resulta em emissões de poluentes atmosféricos, como o monóxido de carbono (CO), os óxidos de azoto (N0x) e as partículas finas, como as PM2,5 e PM10, que se referem a partículas com menos de 2,5 e 10 micrómetros, respetivamente. Se a combustão for incompleta, a libertação de CO afecta o corpo humano, ao passo que a libertação de CO2 não é diretamente nociva para os seres vivos, mas tem efeito de estufa. Devido ao nível geralmente baixo de enxofre na biomassa, as emissões de SOx são geralmente substancialmente reduzidas na produção de bioeletricidade em comparação com a eletricidade produzida a partir do carvão ou do petróleo. A produção de NOx a partir da combustão direta da biomassa depende fortemente da formação térmica de NOx, que envolve o azoto no ar, pelo que as emissões são comparáveis às da combustão de combustíveis fósseis. Com um bom planeamento, conceção e gestão de toda a cadeia de produção de bioeletricidade, é geralmente possível limitar quaisquer impactos ambientais negativos a níveis satisfatórios. A combustão incompleta provoca mais emissões, mas no presente trabalho o biogás e o biodiesel reduziram drasticamente as emissões de fumo e de NOx.

14. Mesmo no domínio das energias renováveis, o biogás é melhor do que a energia solar, uma vez que o custo de capital por kWh é inferior a 30%. É também mais barato do que a energia eólica. É uma forma contínua de energia, ao contrário da energia solar e da energia eólica, que dependem das condições climatéricas e da área.

15. Com o uso da geração distribuída de energia, a necessidade de estender as linhas de transmissão para centros remotamente povoados pode ser evitada, a dependência de fontes convencionais de combustível também pode ser reduzida. O uso do modo descentralizado de geração de eletricidade ajuda a reduzir a carga sobre a rede elétrica do estado e também contribui para a economia no transporte de energia. Há uma enorme poupança na construção de cabos para levar a energia da rede eléctrica às aldeias e na criação de subestações. O custo das linhas de transmissão, torres, etc. também é reduzido. O aumento relativo dos preços dos combustíveis fósseis e a baixa fiabilidade do

fornecimento de eletricidade a partir das redes nacionais, com o risco persistente de cortes de energia e a vulnerabilidade da energia hidroelétrica à seca, apoiam o facto de que a energia eléctrica gerada a partir da biomassa será aproximadamente 100% substituída na fatura de eletricidade local e não haverá dependência de factores externos, tais como falhas de eletricidade/escassez de combustível (gasóleo), etc. A eletricidade gerada utilizando biogás-biodiesel em modo dual é renovável, tem baixos custos de funcionamento e reduz os gases com efeito de estufa. Uma vez que o digestor de biogás tem construção subterrânea, minimiza a utilização do solo e a sua instalação tem uma longa vida útil. A eletricidade gerada no local de consumo aumenta o rendimento familiar do consumidor através da venda de energia eléctrica à rede de energia eléctrica.

O objetivo mais importante do presente trabalho foi demonstrar a possibilidade de utilizar um gerador a gasóleo para a produção de energia eléctrica para fazer funcionar uma carga doméstica rural média de 2 kW com misturas de ésteres metílicos de farelo de arroz e butanol em diferentes proporções com gasóleo e biogás como combustíveis, eliminando a necessidade de importações dispendiosas de gasóleo. Este objetivo foi alcançado com êxito através do funcionamento de uma carga resistiva de 5 kW no laboratório. Além disso, observou-se também que o motor funciona bem com biogás puro como combustível primário e com gasóleo como combustível piloto sem ajustar o tempo de injeção, evitando a necessidade de transesterificação (que seria outro obstáculo nas aplicações rurais). A principal intenção do presente estudo é a investigação e análise abrangentes da aplicabilidade da Rede Neuronal Artificial para prever o desempenho do gerador a gasóleo e avaliar a importância relativa das variáveis de entrada. A fim de avaliar a eficácia e a consistência do modelo de gerador a gasóleo baseado em RNA, foi treinada uma base de dados (contendo parâmetros de entrada e de saída) utilizando o algoritmo de retropropagação para alguns parâmetros de saída de forma independente. Em seguida, cada parâmetro de saída da respectiva RNA foi estimado. O resultado deste estudo é que os modelos do motor baseados em RNA propostos são decididamente úteis para prever os parâmetros de desempenho dos geradores a gasóleo para diversas variáveis de entrada com um grau de exatidão mais elevado e para avaliar o impacto relativo das variáveis de entrada. Trata-se de modelos económicos e pouco dispendiosos para estimar o desempenho do motor e prever a importância relativa dos parâmetros. Utilizando um modelo de motor de combustão interna baseado em RNA, é possível prever com certeza e exatidão os parâmetros de desempenho do motor, bem como estimar a influência relativa das variáveis de entrada sem estudos experimentais completos. Por conseguinte, o modelo de motor de combustão interna baseado em redes neuronais artificiais é um dos modelos mais fiáveis, resistentes e eficientes com um esforço, tempo e dinheiro reduzidos.

Este estudo conclui que o modo de biogás-diesel como combustível duplo é muito eficaz na produção de eletricidade para as famílias rurais e nos sectores agrícolas. A tecnologia de biogás como combustível duplo tem o potencial de utilizar uma variedade de combustíveis gasosos para resolver os problemas actuais e futuros de escassez de energia e de emissões de gases de escape. A análise do desempenho e das emissões de um motor diesel monocilíndrico bicombustível e misturado com biocombustível que utiliza biogás em várias condições e os resultados são encorajadores, o que ajudará muito o nosso país a reduzir a nossa dependência dos combustíveis convencionais para a produção de eletricidade.

5.2 Âmbito futuro

A presente pesquisa é a análise de desempenho e emissão de gerador a diesel monocilíndrico com diesel como combustível piloto em várias taxas de fluxo de biogás a 1,2 kg/hr, 2,2 kg/hr e 3,3 kg/hr e comparado com diesel puro e também com éster metílico de farelo de arroz e misturas de butanol em diferentes proporções com combustível diesel em várias taxas de fluxo de biogás a 0,48 kg/hr, 1,2 kg/hr e 2 kg/hr para a geração de energia elétrica para eletrificação rural.

Esta secção descreve algumas áreas de investigação possíveis para estudos futuros.

1. Os biocombustíveis têm um rendimento energético inferior ao dos combustíveis tradicionais e, por conseguinte, exigem o consumo de maiores quantidades para produzir o mesmo nível de energia. É possível desenvolver mais trabalho de investigação para refinar os biocombustíveis de modo a obter rendimentos energéticos mais eficientes e reduzir o elevado investimento inicial que é frequentemente necessário para construir as instalações de fabrico necessárias para aumentar as quantidades de biocombustíveis.

2. Como todos os combustíveis derivados do petróleo, o biodiesel também requer um investimento significativo de energia antes de chegar ao local de consumo para ser utilizado no gerador a gasóleo. É necessário efetuar muita investigação para encontrar culturas mais adequadas e melhorar o rendimento do óleo. Com os rendimentos actuais,

seriam necessárias grandes quantidades de terra e de água doce para produzir óleo suficiente para substituir completamente os combustíveis convencionais à base de petróleo.

3. As misturas preparadas para este trabalho de projeto foram utilizadas num curto espaço de tempo. Assim, a estabilidade a longo prazo das misturas não foi estudada. Por isso, é possível estudar a estabilidade a longo prazo das misturas.

4. A produção de ésteres metílicos de farelo de arroz ricos em óleo para a produção de biodiesel ainda não foi realizada a nível comercial; estes encontram-se ainda em várias fases de investigação, antes de se tornarem totalmente adequados para a produção final de energia eléctrica.

5. O principal inconveniente do óleo comestível ou não comestível como combustível é a sua elevada viscosidade e a produção de muito fumo devido a uma combustão incompleta, provocando assim a colagem dos anéis dos pistões e o desempenho do sistema de injeção devido a uma mistura ineficaz de óleo e ar. É possível realizar muitos trabalhos de investigação para ultrapassar este problema.

6. Foram realizados trabalhos recentes sobre motores diesel monocilíndricos; são necessários mais trabalhos sobre motores diesel multicilíndricos.

7. É possível investigar a melhoria da eficiência do gerador através da variação do tempo de injeção, da pressão de injeção e da taxa de compressão, que foram fixados no presente trabalho. Para mais investigação, podem ser utilizadas mais misturas de butanol ou de outros combustíveis oxigenados, como o éter dietílico, o etanol e o propanol, em diferentes proporções com o gasóleo, com o éster metílico do farelo de arroz a vários caudais de biogás.

8. No entanto, as quantidades de emissões podem ser reduzidas através da utilização de combustíveis alternativos (biomassa), mas as caraterísticas diferentes dos combustíveis de substituição nunca lhes permitirão oferecer parâmetros de desempenho equivalentes ou melhores do que o gasóleo no gerador a gasóleo normal. É possível realizar muitos trabalhos de investigação para reduzir as emissões.

Há possibilidades suficientes para mais investigação no futuro e para a otimização das caraterísticas de funcionamento para o estudo do biogás e do biodiesel em modo de combustível duplo para a eletrificação rural. A utilização da tecnologia do biogás para a produção de eletricidade a nível industrial pode ser insuficiente, mas as novas adaptações tecnológicas podem resolver os problemas para um futuro energético global brilhante.

REFERÊNCIAS

1. Censo 2011, Censo da Índia. Recuperado de http://www.censusindia.gov.in/2011-prov-results/indiaatglance.html.

2. Minde, G. P., Magdum, S. S., & Kalyanraman, V. (2013). Biogás como uma alternativa sustentável para as necessidades energéticas actuais da Índia 4, 121-132.

3. Nitesh K. Panday, Ravindra Randa, Krishna K. Pandey. (2016). Uma revisão sobre a utilização de biogás e biodiesel num modo de combustível duplo num motor diesel DI de um cilindro. Revista Internacional de Investigação Inovadora e Emergente em Engenharia, 3, (5), 157-169.

4. CEA. 1996. Revisão Geral 1993-94. Nova Deli: Autoridade Central da Eletricidade.

5. Bose, A., Singh, V. K., & Adhikary, M. (1991). Demographic diversity of India 1991 census: state and district level data. A reference book.

6. NSSO. 2001. National Sample Survey 55th Round July 1999-June 2000. Nova Deli: NSSO, Ministério da Estatística e da Implementação de Programas, Governo da Índia.

7. Malhotra, P., Rehman, I. H., Bhandari, P., Khanna, R., & Upreti, R. (2002). Rural energy data sources and estimations in India (Fontes de dados e estimativas sobre energia rural na Índia).

8. Comissão de Planeamento. (2002). Décimo Plano Quinquenal 2002-2007. Volume II, Políticas e Programas Sectoriais, Bem-Estar Familiar. *Governo da Índia, Nova Deli, sem data.*

9. Sharma, D. C. (2007). Transforming rural lives through decentralized green power. Futures, 39(5), 583-596.

10. RENOVÁVEIS 2015 relatório de situação global 2015 Endote 9 figura1.

11. Viral, R. K., Bahar, T., & Bansal, M. (2013). Desenvolvimento de mini-rede para eletrificação rural na Índia remota. Small Hydro Power, 15000, 3395-31.

12. Zareipour, H., Bhattacharya, K., & Canizares, C. A. (2004). Geração distribuída: estado atual e desafios. *Simpósio de Energia da América do Norte* (NAPS), agosto, 1-8.

13. De Almeida, A. T., Moura, P. S., Gellings, C. W., & Parmenter, K. E. (2007). Produção distribuída e gestão da procura. *The Handbook of Conservation and Renewable Energy, CRC Press, John Kreider e Yogi Goswami (ed.), ISBN*, 1208784317.

14. Energy scenario at Glance in India, acedido em Nov.2012 CEA, Planning wing/Integrated Resource Planning Division's Annual Report.

15. Luijten, C. C. M., & Kerkhof, E. (2011). Jatropha oil and biogas in a dual fuel CI engine for rural electrification. Energy Conversion and Management, 52(2), 14261438.

16. Pandey, R. R., & Arora, M. S. (2016). Sistema de Geração Distribuída: A Review and its Impact on India. environment, 2,p 3.

17. Reddy, V., Hebbal, O. D., & Hiremath, S. C. (2014). Caraterísticas de Desempenho, Emissão e Combustão do Motor Diesel Multicilindro Operando com Biodiesel de Farelo de Arroz. IJSRD - Revista Internacional de Investigação Científica e Desenvolvimento, 2, (08), 18-27.

18. Obtido do seguinte endereço: http://articles.economictimes.indiatimes.com/2013-12-04/news/44757431_1_oil-demand-growth-iea-world-energy-outlook.

19. Sinha, S., Agarwal, A. K., & Garg, S. (2008). Desenvolvimento de biodiesel a partir de óleo de farelo de arroz: Transesterification process optimization and fuel characterization (Otimização do processo de transesterificação e caraterização do combustível). Energy Conversion and Management, 49(5), 1248-1257.

20. Viabilidade económica do biodiesel. Recuperado de shodhganga. inflibnet.ac. in/bitstream/10603/104456/15/15_chapter%207.pdf.

21. Barnwal, B. K., & Sharma, M. P. (2005). Perspectivas de produção de biodiesel a partir de óleos vegetais na Índia. Renewable and sustainable energy reviews, 9(4), 363-378.

22. Ju, Y. H., & Vali, S. R. (2005). Rice bran oil as a potential resource for biodiesel: a review (64), 866-882.

23. Recuperado de http://mnre.gov.in/mnre-2010/grid-connected/biomass-powercogen/

acedido em agosto de 2017.

24. Novak, M., Hudak, O., Bucko, S., & Kiraly, J. (2014). Biomassa como fonte de energia universal para aquecimento descentralizado e produção de eletricidade de pequenas cidades, 236, 239.

25. Biopower, Revista online de Energias Renováveis. Disponível em linha em: http://www.renewableenergyworld.com/rea/tech/bioenergy.

26. The Clean Development Mechanism in Nepal in The Tiempo Climate Newswatch, tiempocyberclimate.org.

27. Sahoo, B. B. (2011). Potencial do mecanismo de desenvolvimento limpo dos motores diesel de ignição por compressão que utilizam combustíveis gasosos em modo bicombustível (dissertação de doutoramento).

28. Von-Mitzlaff K. Engines for biogas e theory, modification, economic operation. Uma publicação do Deutsches Zentrum fur Entwicklungstecknologien, GTZ Gate; 1988.

29. Bazmi, A. A., Zahedi, G., & Hashim, H. (2015). Projeto de sistema descentralizado de geração e distribuição de bioenergia para países em desenvolvimento. Journal of Cleaner Production, 86, 209-220.

30. Ghobadian, B., Rahimi, H., Nikbakht, A. M., Najafi, G., & Yusaf, T. F. (2009). Análise do desempenho do motor diesel e das emissões de escape utilizando biodiesel de resíduos de cozinha com uma rede neural artificial. Renewable Energy, 34(4), 976-982.

31. Canakci, M., Erdil, A., & Arcaklioglu, E. (2006). Desempenho e emissões de escape de um motor a biodiesel. Applied energy, 83(6), 594-605.

32. Qelik, V., & Arcaklioglu, E. (2005). Mapas de desempenho de um motor diesel. Applied Energy, 81(3), 247-259.

33. http://shodhganga.inflibnet.ac.in/bitstream/10603/121879/5/05_chapter%201.pdf

34. Armas, O., Garcia-Contreras, R., & Ramos, A. (2012). Pollutant emissions from engine starting with ethanol and butanol diesel blends. Tecnologia de processamento

de combustível, 100, 63-72.

35. Ravuri, M., Vardhan, D. H., & Ajay, V. (2013). Comparação do desempenho do motor di diesel usando óleo de pinhão-manso e neem. Research & Development (IJAuERD), 3(1), 57-62.

36. Fukuda, H., Kondo, A., & Noda, H. (2001). Biodiesel fuel production by transesterification of oils. Journal of bioscience and bioengineering, 92(5), 405-416.

37. Ma, F., & Hanna, M. A. (1999). Biodiesel production: a review. Bio resource technology, 70(1), 1-15.

38. Van Gerpen, J. (2005). Biodiesel processing and production. Fuel processing technology, 86(10), 1097-1107.

39. Leung, D. Y., Wu, X., & Leung, M. K. H. (2010). A review on biodiesel production using catalyzed transesterification. Applied energy, 87(4), 1083-1095.

40. Babu, P. S., & Mamilla, V. R. (2012). Metanólise de óleo de rícino para produção de biodiesel. Jornal Internacional de Tecnologia de Engenharia Avançada, 3(1), 146148.

41. Singh, S., & Mahla, S. K. (2012). Emerging Scope for Biodiesel for Energy Security and Environmental Protection. IJAET, Life, 50, (10),157-162.

42. Biodiesel: a utilização de óleos vegetais e seus derivados como combustíveis diesel alternativos. Em ACS symposium series. Washington, DC: American Chemical Society, (Vol666),172-208

43. Ingle, S.S. e Nandedkar, V.M (2013). Biodiesel de óleo de mamona um combustível alternativo para o diesel no motor de ignição por compressão.IOSR-JMCE, ISSN: 2278-1684.

44. Ma, F., & Hanna, M. A. (1999). Biodiesel production: a review. Bio resource technology, 70(1), 1-15.

45. Schuchardt, U., Sercheli, R., & Vargas, R. M. (1998). Transesterificação de óleos vegetais: uma revisão. Revista da Sociedade Brasileira de Química, 9(3), 199-210.

46. Tickell, J e Tickell, K., 1999. From the Fryer to the Fuel Tank, Green Teach Pub, ISBN 0966461614, First edition, Pages 14-56.

47. McDonnell, K. P., Ward, S. M., McNulty, P. B., & Howard-Hildige, R. (2000). Resultados dos ensaios de motores e veículos com óleo de colza semi-refinado. Transactions of the ASAE, 43(6), 1309.

48. Kalam, M. A., & Masjuki, H. H. (2002). Biodiesel de óleo de palma - uma análise das suas propriedades e potencial. Biomass and Bioenergy, 23(6), 471-479.

49. Dhar, A., & Agarwal, A. K. (2014). Investigações experimentais do efeito do biodiesel de Karanja nas propriedades tribológicas do óleo lubrificante num motor de ignição por compressão. Fuel, 130, 112-119.

50. Jindal, S., Nandwana, B. P., Rathore, N. S., & Vashistha, V. (2010). Experimental investigation of the effect of compression ratio and injection pressure in a direct injection diesel engine running on Jatropha methyl ester. Applied Thermal Engineering, 30(5), 442-448.).

51. Utlu, Z., & Kocak, M. S. (2008). The effect of biodiesel fuel obtained from waste frying oil on direct injection diesel engine performance and exhaust emissions. Renewable Energy, 33(8), 1936-1941.

52. Kalbande, S. R., More, G. R., & Nadre, R. G. (2008). Produção de biodiesel a partir de óleos não comestíveis de jatropha e karanj para utilização em geradores eléctricos. Bioenergy research, 1(2), 170-178.

53. Sahoo, P. K., Das, L. M., Babu, M. K. G., Arora, P., Singh, V. P., Kumar, N. R., & Varyani, T. S. (2009). Comparative evaluation of performance and emission characteristics of jatropha, karanja and polanga based biodiesel as fuel in a trator engine. Fuel, 88(9), 1698-1707.

54. Baiju, B., Naik, M. K., & Das, L. M. (2009). A comparative evaluation of compression ignition engine characteristics using methyl and ethyl esters of Karanja oil. Renewable energy, 34(6), 1616-1621

55. Sanjid, A., Masjuki, H. H., Kalam, M. A., Rahman, S. A., Abedin, M. J., & Palash, S. M. (2014). Produção de biodiesel à base de palma e pinhão-manso e investigação das propriedades da mistura combinada de palma e pinhão-manso, desempenho, emissões de escape e ruído num motor diesel não modificado. Journal of cleaner production, 65, 295-303.

56. Arbab, M. I., Masjuki, H. H., Varman, M., Kalam, M. A., Imtenan, S., & Sajjad, H. (2013). Propriedades do combustível, desempenho do motor e caraterísticas de emissão de biodieseis comuns como uma fonte renovável e sustentável de combustível. Renewable and Sustainable Energy Reviews, 22, 133-147.

57. Yadav, R. K., e Sinha, S. L., (2015). Caraterísticas de desempenho e emissão de um motor diesel de injeção direta usando biodiesel de óleo de cozinha residual. Jornal Internacional de Pesquisa Aprimorada em Ciência, Tecnologia e Engenharia. 4, (2), 45-52.

58. Yadav, R. K., e Sinha, S. L., (2015). Investigação Experimental do Desempenho Térmico e Caraterísticas de Emissão do Motor Diesel de Injeção Direta Usando Misturas de Misturas de Quatro Tipos de Biodiesel em Diesel Convencional, 4ª Conferência Internacional sobre Avanços em Ciências da Engenharia e Matemática Aplicada (ICAESAM'2015), 62 -66.

59. Moom, R. K., Parkash, O., Khundrakpam, N. S., & Mahla, S. K. (2013). Avaliação do desempenho do motor diesel DI em biodiesel de óleo de cozinha residual em diferentes condições de carga. Revista Internacional de Pesquisa e Tecnologia de Engenharia, (2), 9.

60. Jindal, M., Rosha, P., Mahla, S. K., & Dhir, A. (2015). Investigação experimental das caraterísticas de desempenho e emissões de biodiesel de óleo de cozinha residual e misturas de n-butanol em um motor de ignição por compressão. RSC Advances, 5(43), 3386333868.

61. Porpatham E, Ramesh A, Nagalingam B. (2008). Investigação sobre o efeito da concentração de metano no biogás quando utilizado como combustível para um motor de ignição comandada. Fuel, 87(8-9):1651.

62. Porpatham, E., Ramesh, A., & Nagalingam, B. (2012). Efeito da taxa de compressão no desempenho e na combustão de um motor de ignição por faísca alimentado a biogás. Fuel, 95, 247-256.

63. Barik, D., & Murugan, S. (2014). Investigação sobre o desempenho da combustão e as caraterísticas de emissão de um motor diesel DI (injeção direta) abastecido com biogasdiesel no modo de combustível duplo. Energy, 72, 760-771.

64. Mustafi, N. N., Raine, R. R., & Verhelst, S. (2013). Caraterísticas de combustão e emissões de um motor bicombustível operado com combustíveis gasosos alternativos. Fuel, 109, 669-678.

65. Xing-cai, L., Jian-Guang, Y., Wu-Gao, Z., & Zhen, H. (2004). Effect of cetane number improver on heat release rate and emissions of high speed diesel engine fueled with ethanol-diesel blend fuel. Fuel, 83(14), 2013-2020.

66. Sahoo, B. B., Sahoo, N., & Saha, U. K. (2009). Effect of engine parameters and type of gaseous fuel on the performance of dual-fuel gas diesel engines-A critical review. Renewable and Sustainable Energy Reviews, 13(6), 1151-1184.

67. Selim, M. Y. (2004). Sensitivity of dual fuel engine combustion and knocking limits to gaseous fuel composition [Sensibilidade dos limites de combustão e de detonação do motor bicombustível à composição do combustível gasoso]. Energy Conversion and Management, 45(3), 411-425.

68. Demirbas, A. (2009). Political, economic and environmental impacts of biofuels: a review. Applied energy, 86, S108-S117.

69. Prajapati, A. K., Randa, R., & Parmar, N. International Journal of Engineering Sciences & Research Technology Experimental Study on Utilization of Biogas in IC Engine, 2015, 827-835.

70. Cheng-qiu, J., Tian-wei, L., & Jian-li, Z. (1989). A study on compressed biogas and its application to the compression ignition dual-fuel engine. Biomass, 20(1-2), 5359.

71. Cherosky, P., & Li, Y. (2013). Remoção de sulfeto de hidrogénio do biogás por esponja de ferro de base biológica. Biosystems engineering, 114(1), 55-59.

72. Pattanaik, B. P., Nayak, C., & Nanda, B. K. (2013). Investigação sobre a utilização de biogás e biodiesel de óleo de Karanja em modo de combustível duplo num motor diesel DI de um cilindro. Revista Internacional de Energia e Ambiente, 4(2), 279-290.

73. Bora, B. J., & Saha, U. K. (2015). Avaliação comparativa de um motor diesel bicombustível movido a biogás com éster metílico de óleo de farelo de arroz, éster metílico de óleo de pongâmia e éster metílico de óleo de palma como combustíveis

piloto. Renewable Energy, 81, 490-498.

74. Luijten, C. C. M., & Kerkhof, E. (2011). Óleo de pinhão-manso e biogás num motor de combustão interna bicombustível para eletrificação rural. Energy Conversion and Management, 52(2), 14261438.

75. Yaliwal, V. S., Banapurmath, N. R., Gireesh, N. M., & Tewari, P. G. (2014). Produção e utilização de combustível gasoso renovável e sustentável para aplicações de geração de energia: Uma revisão da literatura. Renewable and Sustainable Energy Reviews, 34, 608-627.

76. Mydin, M. O., Abllah, N. N., Sani, N. M., Ghazali, N., & Zahari, N. F. (2014, janeiro). Geração de eletricidade renovável a partir de resíduos alimentares. In E3S Web of Conferences (Vol. 3). EDP Ciências.

77. Bazmi, A. A., Zahedi, G., & Hashim, H. (2015). Projeto de geração descentralizada de biopotência e sistema de distribuição para países em desenvolvimento. Journal of Cleaner Production, 86, 209-220.

78. Viral, R. K., Bahar, T., & Bansal, M. (2013). Desenvolvimento de mini-redes para a eletrificação rural na Índia remota. Small Hydro Power, IJETAE,15000, 3395-31.

79. Yusaf, T. F., Buttsworth, D. R., Saleh, K. H., & Yousif, B. F. (2010). Análise do desempenho do motor CNG-diesel e das emissões de escape com o auxílio de uma rede neural artificial. Applied Energy, 87(5), 1661-1669.

80. Rao, K. P., Babu, T. V., Anuradha, G., & Rao, B. A. (2016). Desempenho do motor diesel IDI e análise das emissões de escape utilizando biodiesel com uma rede neural artificial (RNA). Egyptian Journal of Petroleum.

81. Prasad, T. H., Reddy, K. H. C., & Rao, M. M. (2010). Análise do desempenho e das emissões de gases de escape de um motor a gasóleo que utiliza ésteres metílicos de óleo de peixe com a ajuda de uma rede neural artificial. Revista internacional de engenharia e tecnologia, 2(1), 23.

82. Arcaklioglu, E., & Qelıkten, i. (2005). A performance e as emissões de escape de um motor diesel. Applied Energy, 80(1), 11-22.

83. Karonis, D., Lois, E., Zannikos, F., Alexandridis, A., & Sarimveis, H. (2003). Uma

abordagem de rede neural para a correlação das emissões de escape de um motor diesel com as propriedades do combustível diesel. Energy & fuels, 17(5), 1259-1265.

84. Najafi, G., Ghobadian, B., Yusaf, T. F., & Rahimi, H. (2007). Combustion analysis of a CI engine performance using waste cooking biodiesel fuel with an artificial neural network aid. American Journal of Applied Sciences, 4(10), 756-764.

85. Mohammadhassani, J., Khalilarya, S., Solimanpur, M., & Dadvand, A. (2012). Previsão das emissões de NO x de um motor diesel de injeção direta utilizando uma rede neural artificial. Modelação e Simulação em Engenharia, 2012, 12.

86. Canakci, M., Ozsezen, A. N., Arcaklioglu, E., & Erdil, A. (2009). Prediction of performance and exhaust emissions of a diesel engine fueled with biodiesel produced from waste frying palm oil. Expert systems with Applications, 36(5), 9268-9280.

87. Kumar, R. S., Manimaran, R., & Gopalakrishnan, V. (2013). Análise de desempenho e emissões usando combustível biodiesel de óleo de Pongamia com uma rede neural artificial. Engenharia Avançada e Ciências Aplicadas, 3(1), 17-20.

Printed by Books on Demand GmbH, Norderstedt / Germany